看 Chat GPT

如何改变我们的生活

芦小刚　郭柯馨　张　欣◎著

河北科学技术出版社

·石家庄·

图书在版编目（CIP）数据

看ChatGPT如何改变我们的生活 ／ 芦小刚，郭柯馨，
张欣著. -- 石家庄：河北科学技术出版社，2023.8
ISBN 978-7-5717-1735-3

Ⅰ．①看⋯ Ⅱ．①芦⋯ ②郭⋯ ③张⋯ Ⅲ．①人工智
能 Ⅳ．①TP18

中国国家版本馆CIP数据核字 (2023) 第163466号

看 ChatGPT 如何改变我们的生活
KAN ChatGPT RUHE GAIBIAN WOMEN DE SHENGHUO

芦小刚　郭柯馨　张　欣◎著

责任编辑	郭　强	
责任校对	原　芳	
美术编辑	张　帆	
封面设计	优盛文化	
出版发行	河北科学技术出版社	
地　　址	石家庄市友谊北大街 330 号（邮编：050061）	
印　　刷	河北万卷印刷有限公司	
开　　本	787mm×1092mm　1/16	
印　　张	17.75	
字　　数	231 千字	
版　　次	2023 年 8 月第 1 版	
印　　次	2023 年 8 月第 1 次印刷	
书　　号	ISBN 978-7-5717-1735-3	
定　　价	79.00 元	

FOREWORD 前言

在 21 世纪的今天，人工智能和语言模型的快速发展已经对我们的日常生活产生了深远的影响。ChatGPT，作为最先进的自然语言处理技术，已经成功地渗透到各个行业，成为我们日常生活中不可或缺的一部分。本书旨在帮助读者了解 ChatGPT 的基本原理、发展过程以及在多个领域的实际应用，同时探讨其对未来的影响和可能带来的挑战。

本书共分为九章，涵盖了从 ChatGPT 的基本原理到实际应用，再到未来挑战和发展趋势的全部内容。

第一章讲述了人工智能与语言模型的崛起，以及 ChatGPT 如何改变我们的日常生活。本章首先回顾了人工智能与语言模型的发展历程，从早期的尝试到最近的突破性成果。接着，将重点关注 ChatGPT 的发展，探讨其在多个领域中的应用和影响。

第二章详细介绍了 ChatGPT 的核心技术，包括 GPT 模型的原理和发展、ChatGPT 模型的创新和特点以及 ChatGPT 模型的训练与优化。通过对这些技术的深入分析，读者将对 ChatGPT 的工作原理有更清晰的认识，同时能更好地理解其在各个领域中的应用价值。

第三章着重讲述了 ChatGPT 在客户服务领域的应用，包括自动客服系统、智能问答与建议等。展示 ChatGPT 如何帮助企业提高客户满意度、降低成本，以及实现更高效的客户服务。此外，本章还将探讨如何利用 ChatGPT 进一步改进客户服务的未来趋势。

第四章关注了 ChatGPT 在教育领域的应用。讨论如何将 ChatGPT 作为个性化学习助手，提供在线辅导与评估以及创新教育模式与未来教育。本章将揭示 ChatGPT 如何改变传统的教育方式，为教育者和学习者带来更丰富的学习体验。

第五章帮助读者了解 ChatGPT 在医疗与健康领域的革命性突破。探讨智能诊断、个性化治疗建议、健康管理与智能监测等方面的应用。本章还将关注医疗知识普及与患者支持，展示 ChatGPT 如何帮助患者更好地了解自己的健康状况，提高医疗服务的质量和效率。

第六章深入探讨 ChatGPT 在新闻写作与创意表达领域的应用。分析 ChatGPT 如何协助新闻撰写与编辑、提高文案创意与广告策划的效果，以及在小说与故事生成方面的突破。本章将揭示 ChatGPT 在语言表达方面的无限可能，展示其对新闻、广告和文学创作的深远影响。

第七章讨论 ChatGPT 在家庭装修领域的个性化应用。关注室内设计与布局、材料与工艺选择、家居软装饰品选择以及家居智能化与科技应用等方面。本章将展示如何利用 ChatGPT 帮助用户更好地规划和实现理想的家居环境，提高生活品质。

第八章着重讨论 ChatGPT 在 AI 绘画创作中的应用。关注 AI 绘画的简介、绘画工具的应用与影响以及 ChatGPT 在 AI 绘画中的应用。本章将展示如何利用 ChatGPT 帮助用户更好地实现 AI 绘画。

第九章将展望 ChatGPT 的未来之路，探讨智能语言助手的技术创新与社会影响。关注智能化的对话交互、高效的计算资源利用和优化、负责任和可信的 AI 应用，以及与其他技术和应用的融合和创新。此外，还将讨论 ChatGPT 对未来的影响，以期激发读者对 AI 技术未来发展的无限想象。

本书力求为读者提供一个全面而深入地了解 ChatGPT 的途径，使读者能够更好地把握这一领域的发展趋势，掌握应用这一技术的方法和技巧，以便在日常生活和工作中充分挖掘 ChatGPT 的潜力。我们期待 ChatGPT 能在未来继续发挥其重要作用，为人类社会带来更多的便利和福祉。

鉴于作者的水平有限，书中难免有疏漏和不妥之处，敬请广大读者批评指正。

CONTENTS | 目录

第一章

人工智能与语言模型的崛起：ChatGPT 改变了我们的日常生活

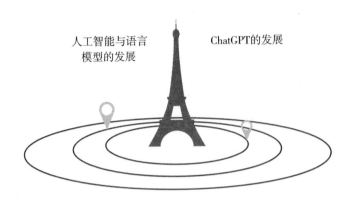

人工智能与语言
模型的发展

ChatGPT的发展

第一节　人工智能与语言模型的发展

人工智能的出现可以追溯到 20 世纪 50 年代，当时计算机科学家开始尝试构建一种能够模拟人类智能的系统。此后，经过几十年的发展，人工智能逐渐成为一种能够用来解决各种问题的技术手段，如图像识别、语音识别、自然语言处理等。而在人工智能的发展过程中，语言模型作为人工智能的重要组成部分，对于自然语言的理解和应用起着重要的作用。

在语言模型的发展历程中，最早的模型是基于统计学的 N-Gram（大词汇连续语音识别中常用的一种语言模型）。但是，随着深度学习的兴起，神经网络语言模型成了新的研究热点。目前，基于深度学习的语言模型已经成为自然语言处理领域的核心技术之一，不仅在文本生成、机器翻译、问答系统等方面有着广泛的应用，还在客户服务、医疗健康、教育领域等领域中发挥着重要的作用。

一、人工智能的发展历程

人工智能的发展历程如图 1-1 所示。

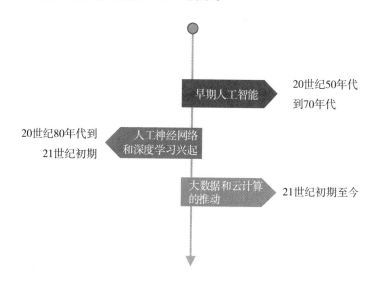

20世纪50年代
到70年代

早期人工智能

20世纪80年代到
21世纪初期

人工神经网络
和深度学习兴起

大数据和云计算
的推动

21世纪初期至今

图 1-1　人工智能的发展历程

1. 早期人工智能：20 世纪 50 年代至 70 年代

20 世纪 50 年代至 70 年代是人工智能的早期阶段，主要基于符号逻辑和规则的方法来处理问题。符号逻辑是一种用符号表示事实和规则，并用推理机制进行推理的方法，被广泛应用于专家系统、机器翻译等领域。符号逻辑的优点是规则清晰、逻辑严密，但它的局限性也很明显，如难以处理具有不确定性和复杂性等特点的问题。

20 世纪 70 年代，随着计算机硬件和软件的不断提升，专家系统开始出现。专家系统是一种基于知识表示和推理的人工智能系统，它可以通过一系列规则和推理机制来模拟人类专家的决策过程，主要应用于医疗诊断、证券分析等领域。专家系统的出现在人工智能领域引起了轰动，被认为是人工智能技术发展的里程碑。

然而，随着专家系统的应用范围不断扩大，其局限性也逐渐暴露出来。专家系统只能处理事先设定好的问题，并且需要人工进行知识表示和规则定义，难以处理未知领域和新问题。此外，专家系统的规则库和知识库也需要不断更新和维护，增加了开发和运维成本。这些局限性导致专家系统在其应用领域逐渐被其他技术替代，比如基于机器学习的方法。

2. 人工神经网络和深度学习的兴起：20 世纪 80 年代至 21 世纪初期

20 世纪 80 年代，人工神经网络的概念被提出，并开始受到广泛的关注。人工神经网络是一种受到生物神经系统启发的数学模型，由大量简单的处理单元（神经元）和连接通过权重的调整实现学习和模式识别等功能。与传统的基于规则的方法不同，人工神经网络可以自主学习和适应新的情况，因此被广泛应用于自然语言处理、图像识别、语音识别等领域。

在人工神经网络的发展过程中，有很多经典的模型被提出，如感知机模型、BP 神经网络模型、Hop-field 网络模型等。这些模型为人工神经网络的发展奠定了基础，也推动了人工智能技术的进步。

随着计算机硬件和数据量的不断提升，深度学习开始受到广泛的关注。深度学习是一种基于神经网络的机器学习方法，其通过多层神经元和权重的调整实现高效的模式识别和分类等功能。深度学习的出现和发展为人工智能技术的应用拓展和深化提供了新的途径。

深度学习的应用场景非常广泛，如语音识别、自然语言处理、图像识别、智能推荐等。其中，自然语言处理方面的应用尤为突出，如机器翻译、文本分类、情感分析等。此外，在医疗领域，深度学习也被用于病例诊断、药物发现等方面。在智能交通、智能制造等领域，深度学习也被广泛应用。

近年来，深度学习技术得到了极大发展，出现了诸如深度强化学习、生成对抗网络、自动编码器等新的技术手段，这些手段在实现更加复杂的任务和应用场景上有着显著的效果提升。可以预见，在未来，深度学习技术还将继续发展壮大，拓展更广泛的应用领域。

3. 大数据和云计算的推动：21 世纪初至今

随着互联网的发展和智能设备的普及，海量数据的产生和积累成为一个日益突出的问题。大数据技术的出现为人工智能技术的发展提供了更多的数据支持，包括数据采集、存储、处理、分析和应用等方面。大数据技术对人工智能的影响主要表现在以下几个方面：大数据技术提升了数据的可获得性和质量，使得人工智能技术更轻松地获取和处理数据；对海量数据进行深度挖掘和分析，发掘数据背后的规律和趋势，为人工智能技术的应用提供更加精准的支持；大数据技术的应用使得数据处理更加实时和动态，可以及时地反馈和调整人工智能模型，提高其应用效率和准确性。大数据技术可以在智能家居、智能交通、智能医疗等场景下应用，从而为人工智能技术的应用提供更广泛的支持。

在人工智能的发展中，云计算技术也发挥了重要作用。云计算技术为人工智能提供了更强大的计算能力、更高效的存储能力、更灵活的应用部署方式以及更安全的数据保障机制。云计算技术对人工智能的影响主要表现在以下几个方面：提供了更强大的计算能力，可以更快地完成对海量数据的处理和分析；提供了更高效的存储能力，为人工智能技术的应用提供更加便捷的数据存储和管理方式；支持更灵活的应用部署方式，提高了人工智能技术的可扩展性和应用范围；云计算技术为数据提供了更安全的保障机制，保证人工智能技术中的敏感数据不受到泄露和攻击的威胁。

二、语言模型的发展与演进

语言模型的发展过程如图 1-2 所示。

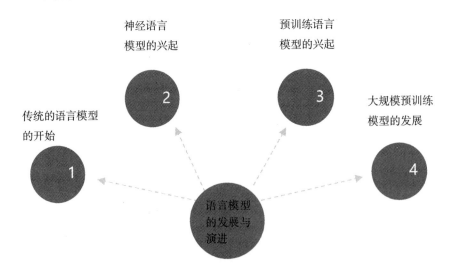

图 1-2　语言模型的发展过程

1. 传统的语言模型

传统的语言模型通常采用 N-Gram 模型，该模型基于马尔可夫假设，认为一个词的出现只与前面 n 个词有关。因此，N-Gram 模型在计算语言概率时只考虑了前面 n 个词的概率，而没有考虑更长的文本上下文。这种模型计算简单、效率高，但准确性有限，尤其在面对长文本、语言表达复杂的情况下表现不佳。

为解决上述问题，人们开始探索使用神经网络模型来解决语言模型的问题。其中，循环神经网络（Recurrent Neural Network，RNN）被广泛应用。RNN 模型可以对序列数据进行建模，其中每个词都可以看作一个序列中的一个时间步骤。这样一来，模型可以利用序列中的全部文本信息进行计算，大大提高了语言模型的准确性。基于 RNN 的语言模型也存在一些问题，如 RNN 的梯度消失问题，导致其对长文本的建模效果不佳。为了解决这些问题，人们开始尝试使用更深层次的神经网络，如长短时记忆网络（Long Short-Term Memory，LSTM）和门控循环单元（Gated Recurrent Unit，GRU）等模型。

近年来，随着转换器（Transformer）模型的兴起，语言模型也开始使用 Transformer 网络。相比于 RNN 模型，Transformer 可以更好地捕捉文本中的全局信息，并在计算效率上有更大的优势，使得语言模型的性能得到进一步提高。其中，基于 Transformer 的语言模型——GPT（Generative Pre-trained Transformer）系列模型被广泛应用，例如 GPT-2、GPT-3 等模型，已经在各种自然语言处理任务中取得了很好的效果。

2. 神经语言模型的兴起

与传统的语言模型不同，神经语言模型使用神经网络来建模，能够更好地处理语言的复杂性和上下文依赖性。

神经网络的应用和发展是神经语言模型的基础。神经网络是由多个神经元组成的网络结构，每个神经元接收输入并产生输出，形成多个层次的计算。通过对神经元之间的连接权重进行学习，神经网络可以对输入进行分类、回归、聚类。

RNN 是一种特殊的神经网络，与传统的前馈神经网络（Feedforward Neural Network，FNN）不同，RNN 可以处理序列数据。RNN 中每个神经元都有一个循环的反馈，可以将当前时刻的输入和前一时刻的输出结合起来进行计算，从而在一定程度上保留了输入序列的历史信息。

在语言模型中，RNN 的输入是一个单词的向量表示，输出是下一个单词的概率分布。为了提高模型的准确性和效率，研究者们不断对 RNN 进行改进，如引入门控机制（Gate Mechanism）来控制信息的流动，避免梯度消失或梯度爆炸等情况的发生。

LSTM 是一种基于 RNN 的门控循环神经网络，它通过引入三个门来控制信息的流动：输入门、输出门和遗忘门。其中，输入门可以控制当前时刻输入的信息对模型的影响程度，输出门可以控制当前时刻的输出是否受到前一时刻的影响，遗忘门则可以控制前一时刻的信息在当前时刻是否应该被遗忘。通过引入门控机制，LSTM 可以更好地控制信息的流动，有效地解决了传统 RNN 中的梯度消失和梯度爆炸问题，并在很多自然语言处理任务中取得了优秀的表现。

3. 预训练语言模型的兴起

（1）预训练模型的基本原理和特点

预训练语言模型是指在海量数据上进行训练，生成一个语言模型，再在有限的数据上进行微调，以适应特定的任务。预训练模型的基本原理是利用大量的未标记文本数据来训练一个通用的语言模型，再基于特定任务对模型进行微调。

预训练语言模型的特点包括强大的通用性、高效性、迁移性和优秀的模型效果。这些模型在训练过程中能够利用大量未标记数据，并具备泛化能力和适应多种任务的优势。同时，预训练模型相较于传统语言模型更具高效性，能够快速获得良好效果。预训练语言模型在训练过程中学习和提取了丰富的文本信息，使得其在多个自然语言处理任务中具有强大的迁移性。此外，这些模型在许多任务上的性能优于传统语言模型，且具有较高的可解释性，允许通过可视化来深入理解模型的学习和特征提取过程。

（2）ELMo 模型的出现和应用

嵌入语言模型（Embeddings from Language Models，ELMo）是一个用于生成词向量的预训练语言模型，它也是根据输入的文本信息（一个单词序列），利用双向 LSTM 模型分别预测文本序列前向的下一个词和反向的下一个词，以训练出一个动态的词向量模型。

传统的词向量只考虑了词汇本身的信息，而没有考虑上下文信息。而 ELMo 利用了深度双向语言模型来生成语言表示，因此可以捕捉到词汇的上下文信息，从而提高语言表示的质量。

ELMo 的生成方式是利用深度双向语言模型预测下一个单词，这样就可以同时考虑单词之前和之后的上下文信息。此外，ELMo 还采用了类似于残差网络的结构，将原始输入与模型输出进行加权融合，从而提高了模型的表现。

ELMo 的应用范围非常广泛，包括文本分类、命名实体识别、语言推断、机器翻译等多个自然语言处理任务。在这些任务中，ELMo 的语言表示通常会被用作输入特征或者对模型进行微调。

值得注意的是，ELMo 的表示是根据特定的语料库进行训练的，因此在不同的领域和任务中，需要重新训练或微调 ELMo 模型。此外，ELMo 的计算成本较高，需要较大的计算资源和训练时间。

（3）GPT 模型的出现和优化

在人工智能领域，早期的自然语言处理（Natural Language Processing，NLP）模型主要基于规则和模板，处理能力有限。随着深度学习和神经网络的发展，研究者们开始尝试使用这些技术解决 NLP 问题。

GPT 是一种基于 Transformer 架构的预训练语言模型，其于 2018 年由埃隆·马斯克的人工智能研究实验室 OpenAI 发布，是一种自回归语言模型，这种模型利用深度学习产生类似于人类语言的文本，它的出现是为了解决自然语言处理中的语言建模和生成问题。

传统的语言模型往往采用基于统计的方法，如 N-Gram 模型或者隐马尔可夫模型，但这些方法往往不能捕捉到长距离的上下文信息。而 GPT 模型采用了 Transformer 架构，可以有效地学习到长距离的上下文信息，从而提高语言模型的质量。

GPT 模型采用了预训练和微调的策略。在预训练阶段，GPT 使用了大量的无标签语料库进行训练，从而得到了强大的语言表示。在微调阶段，GPT 将预训练模型应用于特定的任务中，如文本分类、命名实体识别等，通过微调进一步提高模型的性能。

除了原始的 GPT 模型外，还出现了多种优化版本的 GPT 模型，如 GPT-2、GPT-3 等。这些模型在模型规模、数据集大小、任务类型等方面进行了优化，从而在多个自然语言处理任务中取得了更好的效果。

GPT 模型的优化可以概括为以下几点：GPT 通过增大模型规模，

如 GPT-2 和 GPT-3 采用更大的模型，实现在多个任务上的性能提升，其中 GPT-3 的参数达到了 1 750 亿个；其可使用更大的数据集，如 GPT-3 在预训练阶段利用来自互联网的数千亿单词级别的文本和多个领域的各种数据源，获得了更强的语言表示；在引入技术手段方面，如利用 Top-p 采样、Top-k 采样和 Nucleus 采样等来控制生成的多样性，从而降低生成偏见或不合理文本的风险。

（4）BERT 模型的出现和应用

基于转换器的双向编码器表示（Bidirectional Encoder Representations from Transformers，BERT）是由 Google 在 2018 年推出的一种预训练的语言模型。相较之前的语言模型，BERT 在许多自然语言处理任务上都取得了更好的效果，如问答、文本分类、命名实体识别等。

BERT 的创新之处在于，它采用了双向 Transformer 模型进行预训练。这意味着 BERT 能够同时考虑文本序列中前后两个方向的信息，从而更好地捕捉文本的语义和上下文。另外，BERT 也采用了掩码语言建模（Masked Language Modeling）和下一句预测（Next Sentence Prediction）两种预训练任务，从而使得模型更好地理解文本的语义和结构。

BERT 在问答系统中可以利用其对问题和文本进行编码的能力，计算它们之间的相似度，并选取得分最高的文本作为答案；在文本分类中，可以利用 BERT 对文本进行编码，然后输入分类器中进行分类，如情感分类、主题分类等；在命名实体识别中，可以利用 BERT 对文本进行编码，然后使用序列标注算法识别出文本中的实体，如人名、地名、组织名等；在机器翻译中，可以利用 BERT 对源语言和目标语言进行编码，然后使用神经网络进行翻译。

4. 大规模预训练模型的发展

（1）T5 模型的出现和应用

T5（Text-to-Text Transfer Transformer）是 Google 在 2019 年推出的一种大规模预训练模型，它采用了 Transformer 模型和 Seq2Seq 模型相结合的方式，可用于多种自然语言处理任务，包括文本摘要、机器翻译、问答等。

T5 模型的创新之处在于它将所有的自然语言处理任务都看作是文本转换任务，即将输入文本转化为输出文本的过程。具体地说，T5 模型通过将任务描述转化为字符串，作为输入；将任务解决结果也转化为字符串，作为输出。这样，T5 模型可以通过一种统一的方式解决多种任务，而不必针对不同任务分别训练不同的模型。

T5 模型采用了 Transformer 模型和序列到序列（Seq2Seq）模型相结合的方式进行训练。具体地说，T5 模型采用了双向 Transformer 编码器和单向 Transformer 解码器，通过多轮训练过程，学习了将输入序列映射到输出序列的映射关系。

其在自然语言处理领域有广泛的应用，T5 模型可以用于文本摘要、机器翻译、问答系统等任务，还可以对长篇文章进行编码，生成短文本摘要，也可以对源语言和目标语言进行编码，生成翻译结果。此外，T5 模型还可以对问题进行编码，生成答案。例如，可以输入一篇新闻文章，输出该文章的关键信息摘要；输入一段英文文本，输出该文本的中文翻译结果；输入一个问题"谁是美国第一位总统？"，输出回答"乔治·华盛顿"。

（2）GShard 模型的出现和优化

GShard 是 Google 在 2020 年推出的一种分布式训练框架，旨在解决大规模预训练模型训练过程中的内存和计算资源限制问题。

GShard 的创新之处在于它可以对模型进行分片，并将分片的数据分别存储在不同的机器上，从而实现分布式的训练。通过这种方式，GShard 可以将较大的模型划分为多个小模型，从而避免了内存和计算资源的瓶颈，提高了训练速度和效率。此外，GShard 还针对分片过程中的性能问题进行了优化，如采用了交叉通信策略、异步计算等技术，从而进一步提高了训练效率。

除了分布式训练框架，GShard 还提供了一些实用工具和库，如 GShard-core 和 GShard-tensorflow，方便开发者使用和管理分布式训练。

（3）自然语言处理技术

自然语言处理技术是人工智能领域的一个重要分支，是一种利用计算机技术对自然语言进行分析、处理、理解和生成的技术。自然语言处理技术有很多应用，如机器翻译、文本分类、命名实体识别、文本摘要、问答系统、文本生成等。随着技术的不断发展，自然语言处理技术在更多领域中得到了应用，如智能客服、智能搜索、智能写作等。

随着全球化的加速和信息交流的增多，多语言处理能力将成为自然语言处理技术的重要发展方向。除了增强多语言处理能力之外，自然语言处理技术还将继续向着更加智能化的方向发展。未来的自然语言处理技术将更加注重上下文的理解和应用，可以更好地识别和处理复杂的语言结构和语境。另外，自然语言处理技术也将融合更多的先进技术，如深度学习、知识图谱等，以进一步提高自然语言处理的精度和效率。

三、人工智能与语言模型的融合

人工智能与语言模型的融合如图 1-3 所示。

图 1-3　人工智能与语言模型的融合

1. 语言模型成为现代人工智能技术中的重要组成部分

语言模型的本质是一种概率模型，可以根据已知的语言数据来预测未知的语言数据。最初的语言模型是基于规则的，它们是根据语言的语法和词汇规则手工设计的。然而，随着语言的复杂性和多样性的增加，基于规则的语言模型变得难以维护和扩展，也很难适应各种不同的语言和语言环境。

基于深度学习的语言模型的出现，为语言处理技术带来了革命性的变化。深度学习的语言模型利用神经网络对语言数据进行建模和训练，使得语言模型的表现能力大大提升。其中，RNN 和 LSTM 等模型可以对序列数据进行建模，是目前最常用的语言模型。这些模型可以对文本进行编码，生成对应的语言表示，然后输入下游任务中进行处理。例如，在文本分类任务中，我们可以将文本输入语言模型中进行编码，然后将语言表示输入分类器中进行分类。

　　近年来，大规模预训练语言模型的出现极大地推动了自然语言处理技术的发展。预训练语言模型是指利用大规模语言数据进行预训练的语言模型，其目的是让模型学习到更深层次的语言知识和语言表示。例如，BERT、GPT 等预训练语言模型已经在自然语言处理领域中得到了广泛应用。预训练语言模型的出现极大地提高了自然语言处理技术的效率和准确度，也促进了自然语言处理技术的发展和创新。

　　2. 语言模型在自然语言处理领域中得到了广泛的应用

　　语言模型应用如图 1-4 所示。

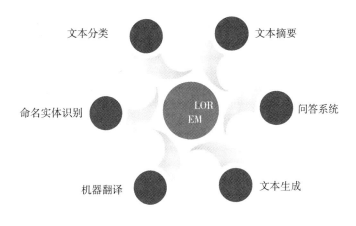

图 1-4　语言模型应用

（1）文本分类

将输入的文本分为不同的类别。利用语言模型对文本进行编码，然后输入分类器中进行分类，如情感分类、主题分类等。例如，在情感分析中，我们可以将文本输入语言模型中进行编码，然后将语言表示输入分类器中进行情感分类，判断该文本的情感是积极的还是消极的。

（2）命名实体识别

从文本中提取出实体，包括人名、地名、组织名、日期、时间等。利用语言模型对文本进行编码，然后使用序列标注算法识别出文本中的实体。例如，在搜索引擎中，我们可以利用命名实体识别技术从搜索结果中提取相关实体，从而提高搜索结果的准确度和效率。

（3）机器翻译

将输入的源语言文本翻译成目标语言文本。利用语言模型对源语言和目标语言进行编码，然后使用神经网络进行翻译。例如，在机器翻译中，我们可以将源语言文本和目标语言文本输入语言模型中进行编码，然后将语言表示输入神经网络中进行翻译，得到目标语言的翻译结果。

（4）文本摘要

利用语言模型对长篇文章进行编码，从中提取关键信息，然后生成短文本摘要。例如，在新闻摘要中，我们可以将新闻文章输入语言模型中进行编码，然后生成该文章的关键信息摘要，帮助读者更快地了解文章内容。

（5）问答系统

根据用户的问题生成相应的回答。利用语言模型对问题进行编码，然后生成回答。例如，在智能客服中，我们可以将用户的问题输入语言模型中进行编码，然后生成相应的回答，帮助用户解决问题。

（6）文本生成

利用语言模型生成具有一定语义和逻辑性的文本。文本生成任务是一项非常具有挑战性的任务，因为它需要模型具有深厚的语言知识和创造性。近年来，基于大规模预训练语言模型的文本生成技术取得了一定的进展，如 GPT 系列模型可以生成具有较高逻辑性和连贯性的文本，而 BERT 模型可以生成更具有语义的文本。

3. 人工智能与语言模型的融合为自然语言处理技术的发展提供了更好的支持

人工智能技术可以为语言模型的训练和优化提供更强大的计算资源和算法支持。相较于传统的语言模型，现代的人工智能技术提供了更加高效、快速的算法和计算资源，例如，深度学习技术可以利用 GPU 进行并行计算，以提高计算速度和效率。此外，人工智能技术还可以通过自动化的超参数调节、网络结构搜索等手段来优化语言模型的性能，以加快模型训练和优化的进程。例如，BERT 模型就是利用大规模的预训练数据和深度神经网络算法来训练的，这样可以获得比传统语言模型更好的表现。

人工智能技术可以帮助语言模型更好地应用于实际场景中。例如，利用深度强化学习算法可以训练出更加高效的问答系统，同时结合语音识别技术可以实现语音问答。又如，利用生成式对话技术，结合自然语言处理技术，可以获得更加自然、流畅的机器人客服。这些实际场景的应用，需要语言模型结合实际情境，综合考虑场景、目标等多个方面的因素，才能够取得更好的效果。

人工智能技术和语言模型的融合为自然语言处理技术的拓展提供了更加广泛的应用场景。例如，在智能客服领域中，利用语言模型和自然语言生成技术可以实现更加人性化的客户服务。在智能家居领域中，利用语音识别和自然语言生成技术可以实现智能家居控制，从而提高生活的便利程度。而在金融领域中，利用自然语言处理技术对大量的财经文本进行分析，可以实现更加精准的金融预测和决策。

4. 人工智能与语言模型的发展对 ChatGPT 的启发和支持

（1）技术提升

初始的 ChatGPT 模型使用了 transformer 架构。而在后续的版本中，如 transformer-XL 和 GPT-3，采用了更加复杂的结构，这些改进架构在处理自然语言任务时的表现更加出色。此外，随着人工智能和语言模型技术的发展，ChatGPT 模型的训练方式也得到了改进。例如，在 GPT-3 模型中，使用了一种叫作 "Autoregressive Training" 的训练方式，该方式可以让模型根据先前的预测生成下一个单词，这种训练方式比较适用于生成型任务。其引入了一些新的技术，如深度学习中的正则化技术，如 Dropout、Layer Normalization 等，这些技术有助于提高模型的泛化能力和鲁棒性。还有一些新的技术被应用于 ChatGPT 的训练和优化过程中，如随机梯度下降和自适应优化器，这些技术使得模型训练的速度更快，同时提高了模型的性能。

在硬件方面，随着 GPU 等计算资源的普及，ChatGPT 得到了更好的支持，可以更快地训练更大规模的模型，同时提高了模型的性能。

ChatGPT 的应用场景也在不断扩展，不仅仅局限于自然语言处理领域，也应用于其他领域，如计算机视觉、声音识别等。这些新的应用场景对 ChatGPT 的技术提升也起到了推动作用，促使模型不断改进，以提高模型的性能和应用价值。

（2）算法改进

BERT 模型是一种新的预训练模型，它使用双向的 Transformer 编码器来学习上下文相关的词向量。BERT 模型的提出大大提升了自然语言处理任务的性能和效果，同时对 ChatGPT 等模型的发展产生了深远的影响。其中出现的自监督学习，可以在不需要标注数据的情况下训练出高效的自然语言处理模型。在自监督学习中，模型可以利用大量未标注的数据来预训练，从而学习通用的语言表示，再通过少量标注数据的微调来适应特定的任务，从而大大提高模型的性能和效果。此外，随着人工智能和语言模型技术的不断发展，还出现了一些新的模型和算法，如 XLNet、RoBERTa、ALBERT 等，它们都是在 BERT 模型的基础上进行改进和优化的，能够更好地处理自然语言任务，并在各种自然语言处理评测中取得了最优或接近最优的结果。这些新的算法和技术为 ChatGPT 等模型的性能和应用提供了更多的参考和借鉴，同时推动了自然语言处理技术的不断发展。

（3）性能提高

以 GPT-3 为例，它的参数量达到了 1750 亿个，比之前最大的语言模型 GPT-2 的性能提高了很多，能够完成一系列自然语言处理任务，如文本生成、问答、文本分类等，表现出极高的准确度和流畅度，甚至可以完成一些常识推理的任务。这样的性能提高使得 ChatGPT 在实际应用中更加具有竞争力和适用性。GPT-3 还在模型的架构、训练方式和推理方式等方面进行了一系列优化，如使用了更多的层数、更多的头数、更少的 dropout 等，这些优化对于提高模型的性能至关重要。

另外，GPT-3 还引入了一些新的技术，如零样本学习（zero-shot learning）和一次性学习（one-shot learning），使得模型可以在没有任何先验知识的情况下，对新的任务进行快速的学习和适应。这些技术的引入进一步提升其性能，并且提高了 ChatGPT 在不同场景下的灵活性和适用性。

（4）应用前景

ChatGPT 可以被应用于智能客服、聊天机器人、自然语言生成等场景，能够帮助企业提高客户服务的质量和效率，也可以作为人机交互的工具，实现更加智能化的语言交流。在教育领域，ChatGPT 也可以被应用于语言学习上，帮助学生提高语言表达能力和阅读理解能力。在医疗领域，ChatGPT 可以被用来帮助医生和患者进行自然语言交流，并提供诊断和治疗建议。在法律领域，ChatGPT 可以被应用于自动化合同生成和法律文件的撰写，帮助律师和法律工作者提高工作效率和准确度。在新闻媒体领域，ChatGPT 可以被用来自动生成新闻稿件，帮助新闻媒体快速、准确地报道新闻事件。另外，在智能家居、智能汽车等领域，ChatGPT 也可以被应用于语音控制和智能交互。

第二节　ChatGPT 的发展

一、GPT 模型的发展历程

GPT 模型的发展历程如图 1-5 所示。

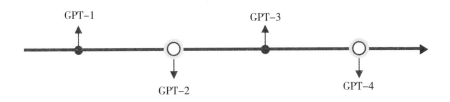

图 1-5　GPT 模型的发展历程

1. GPT-1 模型的发展与应用

（1）模型的基本架构和特点

GPT 模型是一个基于 Transformer 结构的自回归语言模型，它可以对文本序列进行建模和预测，从而完成文本生成、文本摘要、机器翻译任务。

GPT 模型采用了 Transformer 结构，这种结构具有较强的表征能力和灵活性，能够处理不同长度、不同复杂度的文本数据，并且具有良好的并行性能。同时，它的 Self-Attention 机制能够有效地处理文本中的长距离依赖关系，从而提高了模型的准确率和效率。GPT 模型采用了大规模的无监督预训练方法，在大量未标注数据上进行训练，提高了模型的泛化能力和效果。采用 fine-tuning 微调的方法进行训练，使得模型能够适应不同的任务需求，并在该任务上取得较好的性能。在自然语言生成领域，GPT 模型可以应用于机器翻译、自动写作、聊天机器人等领域，具有强大的文本生成能力，为自然语言处理领域的发展作出了重要贡献。

（2）在自然语言生成领域的应用

GPT-1 模型可以用于文本生成、文本摘要、对话生成、机器翻译等领域。在文本生成方面，GPT-1 模型可以生成与训练数据类似的文本内容，如小说、诗歌、新闻、评论等。在文本摘要方面，GPT-1 模型可以对长文本进行编码，然后生成短文本摘要，如新闻摘要、文章摘要等。在对话生成方面，GPT-1 模型可以生成自然流畅的对话内容，如智能客服、智能问答、聊天机器人等。在机器翻译方面，GPT-1 模型可以对源语言进行编码，然后生成目标语言的翻译结果，如中英文、日英文等翻译任务。

（3）模型的优缺点及改进方向

GPT-1 模型在自然语言生成领域具有很高的应用价值，但也存在一些不足。由于模型采用的是单向的自回归模型，在生成文本时可能存在语义不连贯和逻辑不严谨的问题，生成结果可能会缺乏一定的上下文和逻辑关系。GPT-1 模型的训练数据集主要基于网络公开的文本数据，可能存在一定的噪声和不准确性，对生成结果的质量和准确性有一定影响。

为了克服上述问题，GPT-1 的后续版本 GPT-2、GPT-3 等相继推出，优化了模型的结构和参数，并采用了更加复杂的预训练方式和训练数据集，提高了生成结果的质量和连贯性。也有很多研究人员致力探索更加先进的自然语言处理技术，BERT、XLNet 等，这些模型在模型结构和训练方法等方面有着不同的创新和改进，为自然语言处理技术的进一步发展提供了新的思路和方法。

在未来的发展中，需要进一步探索更加高效和精确的自然语言生成技术，如双向生成模型和对抗生成模型等，以提高模型的生成效率和生成结果的质量。同时，需要更加细致地设计训练数据集和模型结构，以解决模型中存在的缺陷和不足。这些探索和实践都将有助于自然语言处理技术的进一步发展，为人类提供更加便捷和智能的自然语言交互方式。

2. GPT-2 模型的发展与应用

GPT-2 是 GPT 系列中的第二个版本，其发布于 2019 年，采用了类似的基于 Transformer 的预训练方式，但在模型结构和参数上作出了改进和升级。相比于 GPT-1，GPT-2 在训练数据集、模型深度和宽度、上下文长度等方面都有所提升，从而在自然语言处理领域中得到了更广泛的应用。

GPT-2 增加了更多的层数和更多的参数，在处理长文本和复杂任务时表现更好。GPT-2 模型采用了更深层的神经网络结构，增加了 Transformer 模块的数量和层数，从而使其具有更好的表示能力和更高的自然语言理解能力。此外，GPT-2 还增加了更多的训练数据集，包括 WebText、BooksCorpus 等，使其在训练数据的覆盖率和质量方面有了更大的提升。

GPT-2 模型在自然语言处理领域中得到了广泛的应用。在文本生成方面，GPT-2 可以生成更加长且连贯的文本内容，如小说、散文、诗歌等。其通过引入不同的控制参数，可以控制生成文本的多样性，从而使生成的文本更加丰富多样。例如，可以通过调整控制参数生成不同主题、不同风格、不同长度的文本内容。在机器翻译方面，GPT-2 可以对源语言进行编码，然后生成目标语言的翻译结果，取得了更好的效果。在对话生成方面,GPT-2 模型可以生成更加流畅和自然的对话内容，可以用于智能客服、智能问答等应用场景。与 GPT-1 相比，GPT-2 在对话生成方面的表现更加出色，可以更好地理解用户的意图，并提供更准确的答案和建议。

GPT-2 模型可以用于文本摘要、命名实体识别、情感分析等领域。在文本摘要方面，GPT-2 可以对长篇文章进行编码，然后生成简洁的摘要，提高了阅读效率和体验。在命名实体识别方面，GPT-2 可以自动识别文本中的人名、地名、组织名等实体，并进行标注。在情感分析方面，GPT-2 可以自动识别文本的情感倾向，如正面、负面或中性，可以应用于品牌监测、社交媒体分析等领域。

GPT-2 提出了自适应控制的思想。自适应控制是指模型能够根据输入的内容和任务自适应调整模型参数，从而提高模型的准确性和泛化能力。在对话生成任务中，GPT-2 可以根据对话的语境和对话对象自适应调整模型参数，从而生成更加准确和自然的对话内容。

3.GPT-3 模型的发展与应用

（1）模型规模和架构的升级

GPT-3 的参数量从 GPT-2 的 15 亿提升到了 1 750 亿，这意味着模型的规模扩大了很多。参数量的增加使得模型能够存储和学习更多的知识。这些参数类似于模型的"记忆"，它们帮助模型在训练过程中学习语言规律和知识。参数越多，模型就越能捕捉复杂的语言结构，从而在各种任务中表现得更好。随着参数量的增加，GPT-3 能够更好地学习语言模式。这意味着它能够更准确地理解句子、段落和文章之间的关系。在实际应用中，GPT-3 能够生成更连贯、自然和有深度的文本，同时降低了生成无意义或不相关的内容的可能性。GPT-3 的规模扩大使其在许多自然语言处理任务中取得超越人类的表现。这些任务包括但不限于文本生成、文本摘要、翻译、情感分析等。在这些任务中，

GPT-3 可以生成准确、可靠且高质量的输出，从而帮助用户解决各种问题。GPT-3 采用了更大的上下文窗口，这使得模型能够理解更长篇幅的文本。上下文窗口指的是模型在生成或理解文本时可以参考的最大文本长度。对于 GPT-3，这意味着它可以理解并生成更长的文本，而不会因为文本长度而导致性能下降。这在处理长篇文章、书籍或论文等场景中具有重要价值。

（2）在语言生成、语言理解、多模态学习等领域的应用

语言生成：GPT-3 展现出了强大的能力。它能够生成自然、连贯且富有创意的文本。例如，在自动写作应用中，GPT-3 可以撰写文章、博客、报告等，生成的文本具有较高的语言质量和逻辑连贯性。在文案创作领域，GPT-3 为广告、营销和社交媒体等领域生成有创意的文案和标语。此外，GPT-3 能够基于给定的主题或风格创作出具有一定艺术价值的诗歌。

 写一首和月亮有关的诗歌。

皎洁的月亮高悬天空，
照亮黑夜的每一角落。
它如同一位守护神，
守护着万物安宁和安好。

月光如绸缎般柔软，
洒满大地的每一寸草木。
在它的照耀下，
一切都变得那么美妙。

月亮像个害羞的姑娘，
躲在云朵后面偷窥着大地。
但是当她露出微笑，
便让人心醉神迷，忘却了疲倦。

月亮啊，你是如此美丽，
你的光辉永远照亮着我的心灵。
在这美好的夜晚里，
请让我陪伴你，静静地欣赏这美丽的时刻。

语言理解：GPT-3 在多个任务中表现出色。在自然语言推理任务中，GPT-3 可以准确地推断句子之间的关系，从而理解文本的内涵和逻辑结构。在情感分析任务中，GPT-3 能够识别文本中的情感色彩，判断其积极、消极或中性的倾向。在命名实体识别任务中，GPT-3 可以从文本中识别出人名、地名、组织名等实体信息。这些强大的语言理解能力使 GPT-3 能够为各种自然语言处理应用提供支持，如智能对话、信息抽取和文本分类等。

多模态学习：GPT-3 可以与其他模型（如视觉模型）结合，实现跨模态信息的理解和生成。在图像描述应用中，GPT-3 可以根据输入的图像生成描述该图像内容的文本。在视觉问答任务中，GPT-3 能够理解图像和相关问题，生成准确的答案。此外，在文本图像生成领域，GPT-3 可以结合视觉生成模型，根据给定的文本描述生成相应的图像。这种多模态学习使 GPT-3 在处理涉及不同类型数据（如图像、文本和音频）的任务时具有更强大的能力，从而增加了其在各种应用场景中的价值。

（3）模型的优势

GPT-3 模型在自然语言处理领域具有明显的优势。首先，GPT-3 具有强大的零样本学习能力，即使没有经过特定任务的训练，也能在多种任务中表现出色。这使得 GPT-3 可以轻松适应各种自然语言处理场景，降低了为特定任务定制模型的成本和难度。其次，GPT-3 可以通过简单的前缀提示（prompt）来指导生成特定类型的文本，从而在各种应用场景中具有很高的灵活性。这种强大的生成能力使得 GPT-3 在语言生成、语言理解和多模态学习等领域取得了显著的成果。

4.GPT-4 模型的发展和应用

（1）发展

GPT-4 是 OpenAI 开发的第四代大型语言模型。在继承 GPT-3 的基础上，GPT-4 在模型规模、算力和数据方面都取得了显著进步。GPT-4 所采用的是更大的神经网络结构，这使得模型能够更好地理解和生成各种语言，进一步提升了自然语言处理任务的性能。

（2）应用

GPT-4 在多个领域都有广泛应用，以下是其中一些例子。

文本生成与摘要：GPT-4 在生成准确、连贯和有创意的文本方面表现出色。它可以用于撰写文章、博客、新闻稿等。此外，GPT-4 还可以对长篇文章进行自动摘要，提炼出核心信息。

机器翻译：GPT-4 在多语言翻译任务中表现出强大的能力，能够在不同语言之间进行高质量的翻译。

智能问答：GPT-4 可以用于构建智能问答系统，用户可以向其提问，它能理解问题并给出合适的答案。这使得 GPT-4 在教育、客户支持等场景中发挥着重要作用。

代码生成：GPT-4 在编程领域也有应用，它可以理解程序员的需求，并生成相应的代码。这降低了开发过程中的人力成本，提高了效率。假设您想要一个简单的 Python 函数，用于计算两个整数的加法，您就可以向 GPT-4 描述这个需求，然后它会生成相应的代码。以下是一个简单的示例。

```python
def add_numbers(a: int, b: int) -> int:
    """
    计算两个整数的加法并返回结果。

    参数:
    a (int): 第一个整数
    b (int): 第二个整数

    返回:
    int: 两个整数相加的结果
    """
    result = a + b
    return result

# 示例使用
num1 = 5
num2 = 8
sum_result = add_numbers(num1, num2)
print(f"{num1} + {num2} = {sum_result}")
```

在这个例子中,GPT-4生成了一个名为add_numbers的Python函数,接受两个整数参数 a 和 b,并返回它们的和。同时,它生成了一个简单的示例用法,演示了如何使用这个函数计算两个整数的和并打印结果。

内容推荐:GPT-4 可以用于个性化的内容推荐系统。通过分析用户的兴趣和行为,GPT-4 能够生成与用户相关的内容推荐,从而提高用户体验。

虚拟助手:GPT-4 可以作为智能助手,协助用户处理日常任务,如日程管理、提醒、邮件筛选等。此外,GPT-4 还可以与物联网设备结合,实现更智能的家居生活。

（3）GPT-4 的优势

GPT-4 作为一种先进的人工智能语言模型,在各个方面相较于前代模型（如 GPT-3）都取得了显著的进步。这些优势包括更大的模型容量、更精确的预测能力、更丰富的知识库和更强的泛化能力。此外，GPT-4 在微调、多任务学习和生成能力方面也实现了突破，使得它可以更好地适应特定领域的需求、在不同任务中表现出色，并生成更连贯、准确的文本内容。详见表 1-1。

表 1-1　GPT-4 的优势

项目	内容
更大的模型容量	规模更大，拥有更多的参数和层数
更精确的预测	更大的模型容量和改进的训练方法
更丰富的知识库	训练数据庞大，来源信息庞大
更强的泛化能力	更好推理和解决问题
更高效的微调	较少数据定制，满足特定领域需求
更强的多任务学习能力	更好地适应不同领域的任务
更佳的生成能力	更连贯、更准确、更有创意的文本

二、ChatGPT 模型的诞生

1. 模型结构和特点

ChatGPT 是基于 GPT-3 架构的一种对话生成模型，旨在解决自然语言对话任务的挑战。为了更好地适应对话生成领域，ChatGPT 在模型结构和特点上做了一些调整和优化。ChatGPT 具有生成连贯、自然且有深度的多轮对话的能力，这意味着它不仅能生成单独的回复，还能理解并处理对话中的关联信息。这使得生成的回答更符合实际对话场景，能够满足用户在复杂对话中的需求。它可以理解对话的上下文，包括多轮对话中的信息，并在回复中体现出这种理解。这主要得益于模型在训练过程中对对话历史进行建模。通过这种建模方式，ChatGPT 可以充分考虑之前的对话内容，从而提高回复的相关性和准确性。在处理不同领域知识方面，ChatGPT 还可以在对话中展示其专业性，这得益于模型在训练过程中利用了大量的知识库和领域数据。通过这种知识和领域融合，ChatGPT 能够跨领域处理知识，更好地满足用户在不同场景下的需求，并且可以保持对话的一致性，如在多轮对话中保持用户提到的事实和观点不发生矛盾。这一特点主要归功于模型采用的特殊训练方法，通过在训练数据中包含多轮对话样本，使模型学会如何在回复中保持连贯性和一致性。

2. ChatGPT 模型的应用场景

ChatGPT 模型的应用场景如图 1-6 所示。

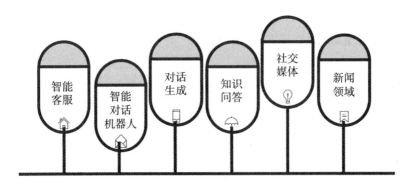

图 1-6 ChatGPT 模型的应用场景

（1）智能客服

智能客服是一种基于人工智能技术的在线客户服务解决方案，能够自动回答用户的问题并提供帮助。在这个领域中，ChatGPT 作为一种先进的对话生成模型，具有显著的优势。它可以通过自动回答用户的问题有效地减轻人工客服的工作负担，这使得客服人员可以将更多精力投入复杂问题的解决中，从而提高整体客服的效率。对于响应用户问题方面，其可以加快响应时间，减少客户等待时间。这对于提高客户满意度和改善用户体验至关重要。另外，ChatGPT 可以处理大量的并发请求，使得企业能够在高峰时段顺利应对客户咨询。这有助于降低企业在客服方面的成本，因为智能客服系统可以有效地分担人工客服的工作量。在大量领域知识的支持下，ChatGPT 可以为用户提供准确且专业的解答。这有助于提高企业在客户心中的专业形象，进一步增强客户信任。通过与其他企业系统的集成，为用户提供个性化服务。例如，ChatGPT 可以通过访问用户的订单、购物车等信息，为用户提供更精确的购物、退货等方面的帮助等。

（2）智能对话机器人

智能对话机器人是一类具有高度自然语言处理能力的人工智能系统，旨在与人类进行自然、流畅且有深度的交流。ChatGPT 作为一种先进的对话生成模型，可以作为智能对话机器人的核心技术。应用于智能对话机器人中的 ChatGPT 能够理解用户的问题、需求和情感，生成相应的回应，从而为用户提供丰富多样的对话体验。

智能对话机器人在多个领域都具有广泛的应用价值。在聊天领域，它们可以与用户进行闲聊，满足人们在社交互动中的需求。在教育领域，智能对话机器人可以作为教学辅助工具，提供个性化的学习建议和答疑解惑服务，帮助学生更好地掌握知识。而在娱乐领域，智能对话机器人可以担任虚拟角色，与用户进行游戏互动、讲故事等，为用户带来欢乐时光。

讲个故事。

很久很久以前，在一个遥远的国度里，有一位年轻的王子，名叫艾德华。他是一个仁慈而勇敢的王子，深受他的臣民们喜爱。

有一天，国度里传来了一条消息，说是有一条可怕的龙，居住在附近的山上，它每天都会出来吞食牲畜和村民，让大家十分恐惧。国王和王子决定组织勇敢的骑士前往山上，杀死那条可怕的龙，以保护他们的国家和人民。

艾德华王子也要前往山上，但他的父亲国王担心他的安全，不允许他前往。但是艾德华王子不肯放弃，他认为这是自己为国家和人民做出贡献的机会。

于是，艾德华偷偷地离开了城堡，独自一人前往山上。他带着一把锋利的剑，穿过茂密的森林，爬过崎岖的山峰，最终来到了龙的洞穴。

艾德华看到了那条可怕的龙，它正在打盹。艾德华轻轻地走到龙的身边，抓住了它的尾巴，使劲地拉了一下。龙瞬间惊醒，它愤怒地吐出火焰，但艾德华已经跳到了一边，躲避了它的攻击。

接下来的战斗非常激烈，艾德华使用他的剑，不断地攻击龙，而龙也不断地发出火焰攻击。最终，艾德华的剑刺穿了龙的心脏，龙发出一声惨叫，倒在了地上。

艾德华胜利了，他把龙的头砍了下来，作为证明，回到了城堡。国王和王子都很高兴，他们庆祝艾德华的英勇事迹，宣布艾德华为国家的英雄。

从此以后，艾德华成为了国王的得力助手，他用自己的智慧和勇气，为国家和人民做出了更多的贡献。人们纪念他的事迹，传颂他的名声，直到今天。

　　作为智能对话机器人的核心技术，ChatGPT 在满足不同用户需求方面具有巨大潜力。随着对话生成技术的不断发展，未来智能对话机器人有望在更多领域发挥更大的作用，为人们的生活带来更多便利和乐趣。

　　（3）对话生成

　　ChatGPT 在对话生成任务中表现出色，这主要归功于其强大的自然语言处理能力和对上下文的理解。它可以生成连贯、自然且具有逻辑性的对话。

　　ChatGPT 能够在文本生成方面根据给定的主题或关键词生成相关的

文章、博客或报道。这对于提高内容创作效率、节省人力资源具有重要意义。由于其能够理解和遵循上下文，生成的文本在结构、逻辑和一致性方面都能达到较高水平，使得生成的内容更具吸引力和可读性。

ChatGPT 可以帮助编剧构思故事情节、角色设定和对话内容，使剧本创作更加简单。它可以根据编剧的需求和指示生成有趣的故事线和富有个性的角色对话，从而为创作过程提供灵感和支持。此外，ChatGPT 还能够在整个创作过程中保持故事的连贯性和一致性，确保剧本的质量。

ChatGPT 可以根据产品特点和目标受众生成吸引人的广告语和宣传文案。它能够理解广告的目的和受众需求，从而创作出具有感染力和吸引力的文案。这有助于提高广告效果，为企业带来更多的潜在客户。

（4）知识问答

ChatGPT 在知识问答任务中具有显著优势，这得益于其强大的知识理解和处理能力。它可以从大量文本数据中学习和提取各个领域的知识，从而准确地回答用户提出的问题。ChatGPT 会根据用户的实际需求，提供专业的建议和推荐。当用户询问某个健康问题时，ChatGPT 可以通过对医学文献和临床实践的学习，提供准确的医疗建议和推荐。例如，当用户询问："我患有高血压，应该如何控制血压？"时，具体回答如下：

我患有高血压，应该如何控制血压？

高血压是一种慢性疾病，需要长期控制，以下是一些常见的控制高血压的方法：

1. 控制饮食：控制摄入的钠盐含量，每天不超过6克，适量增加钾含量，多吃新鲜蔬菜、水果和低脂肪奶制品，限制饮酒、咖啡、糖分和高脂肪食物的摄入。

> 2. 运动：适当的运动可以帮助降低血压，每周进行至少150分钟的中等强度有氧运动，如快走、骑车和游泳等。
> 3. 控制体重：过重会增加患高血压的风险，控制体重可以有效降低血压。
> 4. 减轻压力：长期处于紧张和压力中的人更容易患上高血压，适当的休息和放松可以减轻压力。
> 5. 定期检测血压：定期检测血压可以及早发现血压异常，并及时采取措施控制血压。
> 6. 按照医生的建议进行治疗：对于需要药物治疗的患者，应该按照医生的建议进行治疗，并定期进行随访。
>
> 需要注意的是，高血压的控制需要长期坚持，应该结合个人情况和医生建议进行合理的控制，以达到最佳的治疗效果。

在教育领域，ChatGPT 可以作为学习辅导工具，为学生提供实时的问题解答和学习建议。它可以根据学生的需求和疑问生成详细的解释和示例，有助于学生更好地理解和掌握知识点。此外，ChatGPT 可以个性化地为每位学生提供支持，满足不同学生的学习需求和节奏，从而提高教育效果。

ChatGPT 可以作为智能培训助手，帮助员工解决工作中遇到的问题和困难。它可以迅速回答员工关于公司政策、行业知识或技能培训的问题，降低员工的学习成本，增强培训效果。企业也可以利用 ChatGPT 为员工提供持续的知识更新和技能提升服务，保持企业的竞争力。

在个人学习方面，ChatGPT 可以作为个人学习助手，随时随地为用户提供知识问答服务。用户可以向 ChatGPT 提问，获取关于感兴趣领域的知识、技能或信息。这有助于用户扩展知识面、提升能力，也为用户节省了查找和筛选信息的时间。

（5）社交媒体

ChatGPT 在社交媒体领域具有广泛的应用潜力，因为它能够理解和生成具有连贯性和一致性的自然语言。在社交媒体平台上，人们需要制造高质量的内容来吸引其他人的关注和互动。ChatGPT 可以用于生成社交媒体内容，如它可以根据给定的主题或关键词自动生成微博信息。

通过这种方式，用户可以更轻松地产生有趣、引人入胜的内容，从而吸引更多关注者。此外，这种技术还可以帮助营销人员和企业更有效地推广自己的品牌和产品，提高品牌知名度。ChatGPT 还可以用于自动回复评论，当用户在社交媒体平台上发表评论时，ChatGPT 可以根据上下文生成有针对性的回复。这样一来，用户间的互动和参与度将得到大幅提升，同时有助于维护社交媒体平台的活跃氛围。在论坛、社区或即时通信工具中，ChatGPT 可以作为一个智能助手，帮助用户解答问题或提供信息。这将使得在线讨论变得更加高效和有价值，为用户带来更好的社交体验。

（6）新闻领域

ChatGPT 具有广泛的应用前景。其凭借强大的自然语言理解和生成能力，可以帮助用户自动生成新闻摘要。通过对原始新闻稿件的分析和总结，ChatGPT 可以快速生成简洁、准确的新闻摘要，方便读者快速了解新闻要点。这样，读者可以在短时间内了解更多资讯，提高阅读效率。

在新闻稿件编辑过程中，ChatGPT 可以提供修改建议、检查语法错误、优化文本结构等方面的支持。这有助于提高新闻稿件的质量，使其更具可读性和吸引力。同时，能减轻新闻编辑的工作负担，提高编辑效率。

新闻事件发生后，ChatGPT 可以迅速收集并整理相关信息，生成一篇初步的新闻报道。这使得新闻机构能够在第一时间发布新闻，满足时效性要求，为读者提供最新的资讯。

3.ChatGPT 模型的影响和挑战

随着对话生成技术的不断发展，ChatGPT 等模型在各个领域产生了显著的影响。然而，在实际应用中，这些模型还面临一些挑战和问题。

对话生成技术的发展趋势和前景十分广阔。在未来，我们有望看到更加智能、高效的对话生成模型。这些模型不仅能更好地理解人类语言，还能在多种任务中表现出色。随着技术的进步，对话生成模型将在人工智能领域扮演越来越重要的角色。

对话生成模型的可解释性和可控性问题仍然存在。当前的模型通常基于深度学习技术，其内部工作机制难以理解和解释。这导致模型在实际应用中可能产生无法预测的输出，甚至可能输出具有偏见或不道德的内容。为了解决这个问题，研究人员需要深入探讨如何提高模型的可解释性和可控性，确保其在各种场景下的安全性和可靠性。

面向多语言、多模态对话生成的挑战与机遇并存。目前，大多数对话生成模型主要关注英语等主流语言，而对其他语言的支持相对较弱。为了让更多人受益于对话生成技术，未来的研究需要关注多语言对话生成，努力构建具有广泛语言覆盖的模型。同时，跨模态对话生成具有巨大的潜力，如将文本、图像和语音等多种信息源整合在一起，以提供更丰富、更高效的对话体验。

第二章

探索 ChatGPT: 从自然语言理解到智能对话的核心技术

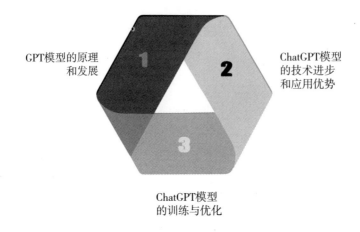

GPT模型的原理
和发展

ChatGPT模型
的技术进步
和应用优势

ChatGPT模型
的训练与优化

第一节　GPT 模型的原理和发展

一、GPT 模型的概念和应用领域

1. GPT 模型的基本原理和结构

GPT 模型是一种基于 Transformer 架构的自然语言处理模型，由 OpenAI 团队于 2018 年首次提出。Transformer 是一种基于注意力机制的神经网络架构，可以有效地处理长文本序列，避免了传统的循环神经网络中存在的梯度消失和梯度爆炸的问题。

GPT 模型采用了单向的 Transformer 结构，其中输入是一个文本序列，输出是一个语义向量。具体来说，GPT 模型包含了多个 Transformer 编码器层，每个编码器层由多头自注意力机制（Multi-Head Attention）和前馈神经网络（Feed forward Network）两个子层组成，两个子层之间使用残差连接（Residual Connection）和层归一化（Layer Normalization）进行连接。

在多头自注意力机制中，输入序列经过三个线性变换分别得到查询（Query）、键（Key）和值（Value）三个向量，然后计算注意力分数并进行归一化，最后将注意力分数作为权重对值向量进行加权求和，得到注意力输出。多头自注意力机制可以从不同的角度对输入序列进行建模，有助于捕捉输入序列中的不同特征。

前馈神经网络接收多头自注意力机制的输出作为输入，经过一层全连接网络和激活函数（通常是 ReLU 函数）的处理，得到最终的编码器层输出。层归一化可以减少梯度消失和梯度爆炸的问题，从而提高模型的稳定性和训练效果。

GPT 模型通过预训练和微调两个阶段的训练方式，使得模型具有对语言的理解和生成能力，并且可以针对不同的自然语言处理任务进行微调。在预训练阶段，GPT 模型使用海量的无标注文本数据进行训练，目的是学习语言的统计规律和语义表示，生成一个语言模型。在微调阶段，GPT 模型针对具体的自然语言处理任务，使用有标注的数据进行微调，目的是优化模型在该任务上的表现。通过预训练和微调两个阶段的训练方式，GPT 模型可以适应不同的自然语言处理任务，并且在多个任务上有优秀的表现。

2. GPT 模型的应用场景和优势

（1）GPT 模型的应用场景（图 2-1）

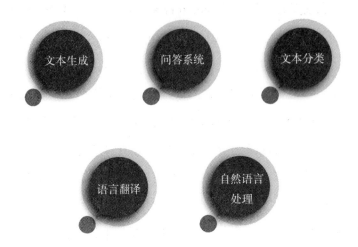

图 2-1　GPT 模型的应用场景

文本生成：GPT 模型可以生成各种类型的文本，如新闻文章、故事、诗歌等。在生成文本时，GPT 模型可以基于已有的文本内容生成新的句子，同时保持文本的连贯性和语言风格。

问答系统：GPT 模型可以用于构建智能问答系统，回答各种类型的问题，包括事实类问题和推理类问题。在回答问题时，GPT 模型可以从已有的文本数据中提取相关信息，并生成符合问题的答案。

文本分类：GPT 模型可以用于文本分类任务，如对文本进行情感分析、主题分类等。在进行文本分类时，GPT 模型可以学习文本中的特征，并将文本分类到不同的类别中。

语言翻译：GPT 模型可以用于语言翻译任务，如将英文翻译成中文。在进行语言翻译时，GPT 模型可以学习两种语言之间的对应关系，并将一种语言的文本翻译成另一种语言的文本。

自然语言处理：GPT 模型可以对自然语言进行处理，如对文本进行分词、词性标注、句法分析等。这个功能可以被应用在自然语言处理领域的各种场景中。

（2）GPT 模型的优势主要在于其预训练和微调的训练方式

在预训练阶段，GPT 模型可以通过大规模的语料库对模型进行训练，使得模型具有丰富的语言知识和模式识别能力。在微调阶段，GPT 模型可以根据不同的自然语言处理任务进行微调，使得模型能够针对不同的任务进行优化，提高模型的准确率和效率。GPT 模型可以采用无监督学习的方式进行训练，无须大量标注数据，从而使得模型更加灵活和适用。这种无监督学习方式在实际应用中非常有用，因为很多自然语言处理任务的标注数据难以获得或者成本较高，如机器翻译、语音识别等任务。它的单向 Transformer 结构可以有效地处理长文本序列，并且避免了传统循环神经网络中存在的梯度消失和梯度爆炸的问题。这使得 GPT 模型在文本生成任务中表现出色。

二、GPT 模型的核心技术和算法

GPT 模型的核心技术如图 2-2 所示。

（一）GPT 模型的核心技术

1. 自回归语言模型技术

自回归语言模型是一种能够预测下一个词出现概率的技术。这种技术是基于前面的词语来预测下一个词语出现的概率。例如，如果前面的词语是"今天天气很好"，那么下一个出现的词语可能是"我们可以去公园玩"。这种模型通常使用神经网络进行训练和推断，其中神经网络会将前面的词语转换为一组向量，并使用这些向量来预测下一个可能出现的词语。

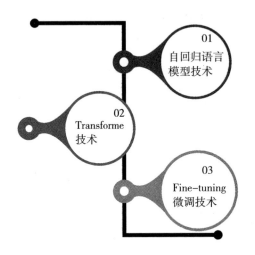

图 2-2　GPT 模型的核心技术

GPT 模型是一种基于前馈神经网络的自回归语言模型。具体来说，它采用了一种称为 Transformer 的神经网络结构，能够同时处理多个词语，并在不同层次上进行学习。在每一层中，模型会将前面的词语编码成一组向量，并使用这些向量来预测下一个可能出现的词语。这个过程被称为自回归，因为模型会根据前面的词语自动回归到下一个可能出现的词语。

2. Transformer 技术

Transformer 技术是一种基于注意力机制的神经网络架构，可以处理序列数据。传统的神经网络处理序列数据时通常使用 RNN，但是 RNN 存在梯度消失和梯度爆炸的问题，同时无法同时处理多个词语，因此在处理长文本序列时效果并不好。

与 RNN 不同，Transformer 技术使用了注意力机制，使得模型可以在处理序列数据时关注到与当前位置相关的其他位置，从而更加准确地捕捉序列中的语义信息。同时，Transformer 结构采用了编码器—解码器的结构，使得模型可以在输入序列和输出序列之间进行转换。具体来说，在编码器中，模型通过多层自注意力机制和前馈神经网络对输入序列进行编码，并生成一组语义向量。这组向量可以被传递给解码器部分，从而生成目标序列。

Transformer 技术具有许多优点。首先，由于它不需要循环，可以并行处理序列中的不同位置，从而大大提高了模型的训练速度。其次，注意力机制使得模型可以处理长序列，而不受梯度消失和梯度爆炸问题的影响。最后，Transformer 技术在自然语言处理、语音识别、图像识别等领域中取得了成功，并成为许多现代深度学习模型的基础。

3. Fine-tuning 技术

Fine-tuning 技术是一种用于提高 GPT 模型性能的技术，它可以根据具体的自然语言处理任务进行微调，以提高模型在特定任务上的准确率和效率。

在 Fine-tuning 之前，GPT 模型已经经过了大规模的无监督预训练，获得了对自然语言的普遍理解能力。但是，针对特定任务的处理，如情感分析、文本分类、机器翻译等，需要模型具有更强的针对性和专业性。这时，Fine-tuning 技术就派上用场了。

Fine-tuning 技术通常分为两种方式，一种是有监督的 Fine-tuning，另一种是无监督的 Fine-tuning。有监督的 Fine-tuning 需要使用已经标注好的数据集进行训练，如对于情感分析任务，可以使用带有情感标签的文本数据集进行 Fine-tuning。无监督的 Fine-tuning 则可以使用未标注的数据集进行训练，如对于文本生成任务，可以使用大量的文本语料库进行 Fine-tuning。

在 Fine-tuning 过程中，可以使用小批量的数据对模型进行反向传播和参数更新，以微调模型的参数，以便达到更好的性能。通过 Fine-tuning，可以使 GPT 模型更加灵活和适用于不同的自然语言处理任务，从而提高模型的实用性。

（二）GPT 模型的算法

GPT 是一种基于 Transformer 模型的语言生成算法。下面是 GPT 模型的算法步骤：

1. 数据预处理

在数据预处理阶段，GPT 算法会对大规模的文本数据进行处理。这包括清洗和标准化文本数据，去除特殊字符、标点符号等，并对文本进行分词。分词的目的是将文本划分为更小的单元，如单词或字母，以便于模型处理。此外，还会构建一个词汇表，并将文本转换为模型可以理解的数字表示形式。

2. 模型架构

GPT 算法采用了 Transformer 模型的架构。Transformer 由多个编码器层组成，每个编码器层都包含多头自注意力机制和前馈神经网络。自注意力机制使得模型能够同时考虑输入序列中不同位置的相关性，从而捕捉上下文信息。通过堆叠多个编码器层，模型可以对输入序列进行深层次的表示学习。

3. 预训练

在预训练阶段，GPT 通过自监督学习的方式进行训练。模型会根据上下文信息预测下一个词或一段缺失的文本。这种预测任务可以帮助模型学习到语言的统计规律、句法结构和语义表示。预训练通常使用大规模的未标记数据集，如互联网上的文本数据。

4. 微调

在预训练完成后，GPT 还需要进行微调以适应特定的任务。微调的目的是将模型应用到特定的任务中，如文本分类、机器翻译等。微调阶段使用有标签的数据集，通过最小化任务特定的损失函数来优化模型参数。微调过程可以提高模型在特定任务上的性能和泛化能力。

5. 生成文本

当使用 GPT 进行文本生成时，给定一个初始文本作为输入，模型会根据上下文信息生成下一个词或一段文本。生成过程中，模型会根据学习到的语言知识和上下文理解进行预测，以生成连贯、合理的文本。生成的文本可以用于生成对话、写作文章、生成代码等多种应用场景。

6. 迭代生成

GPT 不仅可以生成单个词或短语，还可以通过迭代生成产生更长的文本片段。在每一步生成时，模型会将前面生成的文本作为新的上下文信息，继续生成下一个词或一段文本。通过迭代生成，GPT 可以生成更加丰富和连贯的文本内容。

三、 GPT 模型在 ChatGPT 中的应用和演进

1.ChatGPT-1 的设计与实现

Transformer 网络结构在自然语言处理领域中的应用很广泛，它通过自注意力机制实现了对序列信息的有效编码和处理。在 ChatGPT-1 中，通过对 Transformer 网络结构进行微调和优化，模型可以很好地适应对话生成、问题回答等任务。预训练是 ChatGPT-1 的重要环节，这个过程中模型需要从大规模的语料库中学习语言的统计规律和模式，建立一种通用的自然语言理解能力。为了使模型更好地学习语言规律，ChatGPT-1 采用了多任务预训练的方法，通过多个任务的联合学习来提高模型的泛化能力。

在 ChatGPT-1 的预训练阶段，模型使用了大规模的文本语料库进行训练，包括维基百科、新闻、小说等多种类型的文本数据。在预测下一个词的概率的任务中，模型需要在给定的上下文语境下，预测下一个最有可能出现的单词。这个任务可以使模型学习到单词之间的关系和语言的规律性，从而建立一种通用的语言理解能力。预训练模型可以在不

同的任务中进行微调，如对话生成、文本分类、命名实体识别等，使得模型在各种任务上具有更好的性能。

在微调阶段，为满足具体任务的需求，ChatGPT-1 的模型参数会被调整。例如，在对话生成任务中，模型需要学习生成连贯自然的对话内容；在文本分类任务中，模型需要将文本分为不同的类别；在问答任务中，模型需要理解问题并生成正确的答案。为了完成这些任务，模型需要根据具体任务的特点和需求，进行特定的调整和优化，如增加特定的输入特征、修改网络结构等。

通过微调，ChatGPT-1 能够更好地适应不同的任务场景，并取得更好的效果。微调可以提高模型的泛化能力，使得模型在不同的数据集和场景下都能有不错的表现。同时，由于 ChatGPT-1 的预训练阶段已经学习了大量的语言知识和规律，微调的数据集可以比较小，也可以通过迭代式微调来逐步提高模型的性能。

2.ChatGPT-2 和 ChatGPT-3 的进一步优化

ChatGPT-2 是在 GPT-2 模型的基础上进行微调得到的，在模型规模、预训练数据量、生成效果等方面都有显著提升。该模型拥有 15 亿个参数，与 ChatGPT-1 相比，ChatGPT-2 生成的对话内容更加准确、多样化。此外，ChatGPT-2 还采用了"无条件生成"和"有条件生成"两种方式，使得生成的内容更加灵活。

在无条件生成中，ChatGPT-2 只需要给定一个起始文本，就可以自动地生成一系列连贯、流畅的文本内容，这种方式广泛应用于文本生成、聊天机器人等领域。在有条件生成中，ChatGPT-2 则需要根据具体的输入条件，生成特定的文本内容，如给定一段问题或关键词，

ChatGPT-2 可以根据这些输入条件生成相应的答案或文章。

ChatGPT-2 的微调任务包括对话生成、问题回答、文本分类等。在对话生成任务中，ChatGPT-2 可以生成流畅、有逻辑的对话内容，并能够与用户进行自然的交流。在问题回答任务中，ChatGPT-2 可以根据用户提出的问题，自动生成对应的答案，实现智能问答的功能。在文本分类任务中，ChatGPT-2 可以将输入的文本分为不同的类别，如情感分类、主题分类等。

ChatGPT-3 是在 GPT-3 模型的基础上进行微调得到的，拥有 1750 亿个参数，比 ChatGPT-2 增加了 100 多倍。ChatGPT-3 在多项自然语言处理任务上表现出色，如对话生成、翻译、问答等。ChatGPT-3 不仅可以生成高质量、流畅的文本内容，还可以根据输入的上下文进行精准的推断和预测。

ChatGPT-3 的微调任务与 ChatGPT-2 类似，包括对话生成、问题回答、文本分类等。在对话生成任务中，ChatGPT-3 可以生成更为真实、多样化的对话内容，并且可以理解复杂的语言结构和逻辑关系。在问题回答任务中，ChatGPT-3 可以准确地回答各种类型的问题，包括常识性问题、推理性问题等。在文本分类任务中，ChatGPT-3 可以将输入的文本准确地分到各个类别中，具有很高的准确率和可靠性。

除了模型规模和预训练数据量的提升，ChatGPT-2 和 ChatGPT-3 在模型结构和生成效果方面也有了更多的创新和优化。

在模型结构方面，ChatGPT-2 和 ChatGPT-3 都采用了更加复杂的 Transformer 网络结构，如 GPT-2 中采用了多层 Transformer Encoder 和 Decoder 结构，以及自注意力机制等技术。这些技术的引入，使得模型能够更好地理解上下文的语义和语法信息，进一步提高了生成效果和语言理解能力。

在生成效果方面，ChatGPT-2 和 ChatGPT-3 能够生成更加多样化、准确、流畅的对话内容，同时具有更好的连贯性和逻辑性。ChatGPT-2 和 ChatGPT-3 能够在语义和语法上进行更加细致的推理和理解，如识别常见的谚语、推理常识等。此外，ChatGPT-3 还引入了 Zero-shot Learning 技术，使得模型能够在没有针对特定任务进行微调的情况下，生成具有相关知识和语言表达能力的内容。

3. ChatGPT 未来的发展

ChatGPT 未来的发展如图 2-3 所示。

（1）模型规模进一步扩大

随着计算能力的不断提高，越来越多的研究者开始将注意力集中在更大规模的模型上。这些模型通常需要更多的计算资源和更长的训练时间，但它们能够更好地捕捉语言的复杂性，并且具有更高的生成能力。例如，目前已经出现了拥有数千亿甚至上万亿个参数的 GPT 模型，这些模型可以更准确地生成自然语言文本，并且在各种 NLP 任务中都有着更好的表现。

ChatGPT 模型作为 GPT 模型的一种变体，也具有模型规模扩大的趋势。目前，已经有了 ChatGPT-4，其参数量更是达到了惊人的 100 万亿个。这大规模模型具有更强的生成能力和理解能力，在更加复杂的自然语言任务中有着更好的表现。不过，这些大规模模型也需要更多的计算资源和更长的训练时间，对于资源限制较为严格的场景并不适用。ChatGPT 模型在未来的发展的过程中，需要考虑到模型规模、计算资源、训练时间等多方面的因素，并且要根据具体任务的需求，选择适合的模型规模和训练方式。同时，需要研究如何更加高效地利用计算资源，以提升模型的训练效率和性能。这些研究成果有望进一步提升 ChatGPT 模型的表现和应用范围。

图 2-3　ChatGPT 未来的发展

（2）模型的应用范围的扩大

ChatGPT 已经被广泛应用于对话系统、自然语言理解、文本生成、智能客服、机器翻译、智能写作等领域。未来，随着 ChatGPT 模型的不断优化和技术进步，其在各个领域的应用将会更加广泛。

目前，ChatGPT 已经被用于构建多轮对话系统，并取得了不错的效果。未来，ChatGPT 模型的生成能力将会不断提高，可以更好地模拟人类对话的表现，从而为对话系统的发展提供更加强大的支持。ChatGPT 模型能够学习到语言的语法、语义和上下文信息，从而具备一定的自然语言理解能力。在语义分析、信息检索、文本分类等任务中，ChatGPT 模型已经被成功应用。未来，随着 ChatGPT 模型对自然语言的理解能力不断提高，其在各个领域的应用将会更加广泛。ChatGPT 在文本生成、智能客服、机器翻译、智能写作等领域也将会得到更广泛的应用。随着 ChatGPT 模型的不断进化和技术的不断革新，这些领域的应用将会更加出色。例如，在智能写作方面，ChatGPT 模型已经被成功应用于新闻报道、商业写作等领域，未来，其在各个领域的应用前景将会更加广阔。

（3）模型的多语言支持

ChatGPT 在人工智能和自然语言处理技术的不断发展下，可能会在更多领域得以广泛应用。例如，在客服、语音识别、机器翻译、智能问答等领域，ChatGPT 可以为用户提供更加智能化、个性化的服务。模型的多语言支持能够满足不同语言用户的需求，为全球范围内的用户提供更加智能、高效的服务。随着技术的不断发展，ChatGPT 还有望实现更高的准确率和更加智能化的应用场景。例如，ChatGPT 可以通过深度学习和增强学习等技术，进一步提高模型的表现和效率，使得模型可以更好地理解人类语言和提供更加精准的答案。

（4）模型的不断优化

ChatGPT 可以通过使用更加高效的梯度下降算法、优化学习率调整策略、改进正则化方法等，提高模型的收敛速度和泛化能力。另外，对其模型的结构优化方面，可以通过层数、调整神经元数量和布局、加入注意力机制、改进残差连接等，提高模型的表达能力和泛化能力，从而提高模型的性能。通过加入更多的训练数据、进行数据清洗、数据增强等方式，可以提高数据的质量，从而提高模型的准确率。

第二节　ChatGPT 模型的技术进步和应用优势

一、ChatGPT 模型的创新和特点

（一）ChatGPT 模型的创新

ChatGPT 的创新之处如图 2-4 所示。

可调个性特征

大规模数据训练

安全性和可靠性高

图 2-4　ChatGPT 的创新之处

1. 可调个性特征

可调个性特征是 ChatGPT 模型中的一项创新，它赋予了用户更多的控制权和个性化选择，从而提供了更加个性化的对话体验。

传统的聊天机器人通常有一个固定的人格或行为模式，无论用户的偏好和需求如何，它们提供的回复都是统一的。然而，ChatGPT 通过引入可调个性特征，改变了这一传统模式。用户可以根据自己的偏好和需求来调整 ChatGPT 的个性。

一种方式是通过指定语气和情绪来调整 ChatGPT 的回复风格。用户可以选择让 ChatGPT 回复得更加友好、幽默或正式，或者根据对话场景选择合适的回复语气，如严肃、轻松、愉快等。这使得用户可以与 ChatGPT 建立更加个性化的互动，根据自己的喜好和需求来调整对话的氛围和风格。

另一种方式是通过设定对话目标和偏好来调整 ChatGPT 的回复内容。用户可以告知 ChatGPT，用户对于某些主题的兴趣或偏好，从而使 ChatGPT 生成与这些主题相关的回复。例如，用户可以要求 ChatGPT 在对话中提供关于科学、电影、旅行等特定领域的信息或建议。这种个性化调整使得 ChatGPT 能够更好地满足用户的特定需求，提供更加定制化的回复。

通过可调个性特征，ChatGPT 模型提供了更加灵活和个性化的对话体验。用户可以根据自己的喜好和需求，定制 ChatGPT 的回复风格和内容，从而与 AI 建立更加亲密和满意的对话交流。这种创新增强了用户与 AI 之间的互动性，提供了更加个性化、定制化的聊天体验。

2. 大规模数据训练

尽管使用大规模数据进行模型训练在机器学习领域并不新鲜，但 OpenAI 在 ChatGPT 中将其提升到了一个全新的层次。

ChatGPT 利用大规模的互联网文本进行训练，这些文本包含了丰富的知识和语言表达，涵盖了广泛的知识领域。这些数据可能来自各种渠道，如维基百科、新闻文章、社交媒体帖子等。通过使用这样的大规模数据集，ChatGPT 能够学习到丰富的语言模式、句法结构和语义表示。

这种大规模数据训练为 ChatGPT 提供了卓越的语言理解和生成能

力。模型能够从海量的文本数据中学习到各种上下文信息和知识，从而能够更好地理解用户的输入，并生成自然、准确的回复。ChatGPT 的训练数据覆盖了多样的语境和话题，使得模型具备了广泛的知识和背景，能够处理各种领域的对话任务。

通过使用大规模的互联网文本进行训练，ChatGPT 获得了更多的语言输入样本，从而提升了模型的语言建模能力。这使得 ChatGPT 在对话生成过程中能够更准确地预测下一个词或短语，生成更流畅、连贯的回复。同时，由于训练数据的多样性，ChatGPT 具备了更好的泛化能力，可以适应各种不同的对话场景和任务需求。

3. 安全性和可靠性高

OpenAI 投入了大量工作来确保 ChatGPT 的行为在一定范围内，并持续监控和更新模型，以提供高水平的安全性和可靠性。

OpenAI 采取了一系列措施来限制 ChatGPT 的行为范围，以防止生成不当、危险或冒犯性的内容。他们使用了策略性规则和过滤器，对模型进行了训练和调整，以尽量减少不适当的回复。这些措施旨在确保 ChatGPT 的生成内容符合社会准则和伦理标准，避免存在潜在的问题或伤害。

建立一个持续的监控系统来跟踪 ChatGPT 的性能和行为。监测用户的交互和反馈，并利用这些数据进行模型的评估和改进。这种反馈循环使得 OpenAI 能够及时发现和解决潜在的问题，提高 ChatGPT 的安全性和可靠性。

积极与用户和研究社区进行沟通，并邀请公众参与评估和监督 ChatGPT 的使用。OpenAI 将用户的反馈和意见纳入考虑，并对模型进行调整和改进，以确保其符合用户的期望和社会价值观。其不断研究和开发新的技术和方法，以增强模型的控制性和风险管理能力。OpenAI 意识到安全性和可靠性是一个持续的挑战，只有改进和完善 ChatGPT 模型，才能提供更高水平的安全性和可靠性。

（二）ChatGPT 模型的技术特点

1. 自然语言理解

ChatGPT 具备卓越的自然语言理解能力。它能够理解人类语言的字面含义，包括词义、语法和句法结构。更重要的是，ChatGPT 能够理解语言中的隐含信息、情感和意图。它能够捕捉上下文信息，并在对话中推断出潜在的含义和用户的真实意图。这使得 ChatGPT 能够产生更加准确、具有逻辑性的回复。

2. 基于 Transformer 的架构

ChatGPT 采用了基于 Transformer 的架构，这是一种强大的序列到序列模型。Transformer 能够处理长距离的依赖关系，对于长文本或复杂的对话，能够捕捉到全局的语义和上下文信息。这使得 ChatGPT 在对话生成和理解方面具有较强的能力。Transformer 的自注意力机制使得 ChatGPT 能够关注输入序列中不同位置的相关性，从而更好地理解和表达语义。

3. 生成性和反应性

作为一个生成模型，ChatGPT 具备生成性和反应性。它能够生成连贯、一致的对话回复，并能以人类的方式响应用户的输入。ChatGPT

可以根据对话历史和上下文信息，生成具有逻辑性和连贯性的回复。同时，ChatGPT 的反应性使其能够根据用户的输入作出及时的响应，与用户进行流畅的对话交互。这使得用户能够获得更加真实、自然的对话体验。

二、 ChatGPT 在自然语言理解和生成方面的优势

1. 对话生成和问答系统方面的优势

对话生成和问答系统是 ChatGPT 模型在自然语言生成方面的一个重要应用场景。在这个应用场景中，ChatGPT 模型可以根据上下文信息生成相应的答案，也可以根据问题的内容生成相应的答案。在这方面，ChatGPT 模型表现出了如下的优势，如图 2-5 所示。

图 2-5　ChatGPT 的对话和问答优势

（1）上下文理解

ChatGPT 模型在生成回答时，会充分利用自身的预训练模型，从而有效地理解和利用输入的上下文信息。这使得 ChatGPT 模型可以更好

地理解对话的上下文，包括先前的提问和已经生成的答案等信息。

ChatGPT 模型通过多层自注意力机制，即在生成回答时会注意到上下文中所有的关键信息，以此来预测下一个可能的回答。这种机制能够帮助模型更好地理解和利用上下文信息，从而使生成的回答更加符合上下文的语义逻辑，使得对话更加连贯和自然。

举个例子，当用户提出一个问题时，ChatGPT 模型会将这个问题作为上下文输入，并在自己的预训练模型中对其进行编码。接下来，模型会利用编码后的信息，对上下文中的每个词进行加权，以此来确定生成答案时需要注意哪些信息。这些注意力权重是根据上下文信息动态计算的，因此在每个时间步，模型都能够准确地捕捉到当前最重要的上下文信息，使得答案更加准确。

（2）多模态输入和输出

ChatGPT 模型具备多模态输入和输出的能力，能够同时处理文本、图像、音频等多种类型的数据。这种能力让 ChatGPT 模型更好地应对现实生活中复杂的多媒体信息，从而能够生成更加准确、丰富和多样化的回答。

在多模态输入的情况下，ChatGPT 模型可以通过多个输入头来处理不同的输入数据类型。例如，对于一个包含文本和图像的对话场景，ChatGPT 模型可以将文本和图像作为两个不同的输入头，同时对它们进行处理。这种方式可以更好地利用多种输入数据类型的信息，使得对话回复更加丰富和准确。

另外，在多模态输出的情况下，ChatGPT 模型可以输出多种形式的回复，如文本、图片、语音等。这样的输出方式可以使对话更加生动、丰富，从而进一步提高对话的质量和效果。当用户询问关于某个产品的信息时，ChatGPT 模型可以通过输入多个数据类型的信息，如产品名称、产品图片、产品说明等，来生成答案。这种方式可以更好地利用多种数据类型的信息，从而使答案更加丰富和准确。

（3）生成多样性

ChatGPT 模型具备生成多样性的能力，可以生成多个不同的答案，从而提高答案的多样性，避免了单一的回答造成的局限性。这种能力在对话生成和问答系统中非常重要，因为它可以提供多种选择，同时避免让用户感觉到重复和单调。

具体来说，ChatGPT 模型可以通过对随机噪声的加入和对生成概率的惩罚等方式，来增加生成多样性。例如，当模型在生成答案时，可以在生成概率的计算中添加一个惩罚项，使得生成不同的答案时概率更加均衡。此外，还可以通过在生成回答时添加噪声来增加多样性，例如，随机替换一个单词、随机删除一个单词等。

这种多样性生成能力在对话生成和问答系统中非常有用，因为它可以让用户得到多个不同的回答选择，同时避免让用户感到重复和单调。这种多样性生成能力也能够在一定程度上提高对话系统的鲁棒性，使得系统能够更好地应对复杂的对话场景。当用户询问某个电影的评价时，ChatGPT 模型可以生成多个不同的回答，如"这部电影非常好看，值得一看！""这部电影有点普通，但是还算可以"等。这样的多样性回答可以给用户提供多个选择，同时避免让用户感到回答重复和单调。

（4）零样本学习

ChatGPT 模型具备零样本学习的能力，即在没有经过训练数据的情况下，仍然可以生成有意义的答案。这种能力可以让 ChatGPT 模型更加适用于现实生活中新出现的问题和场景，具有很大的应用潜力。

ChatGPT 模型中的零样本学习能力来源于其预训练模型中对语言规律的学习。在预训练过程中，模型可以自动地学习语言规律和语义信息，从而使得模型具备理解和生成语言的能力。当模型遇到新的问题和场景时，可以利用已经学习到的语言规律和语义信息，从而生成有意义的答案。

　　这种零样本学习能力在对话生成和问答系统中非常重要，可以让模型在遇到新的问题和场景时仍然能够给出有意义的回答，而不需要重新进行模型训练。这种能力也使 ChatGPT 模型能够更好地应对现实生活中的变化和不确定性，具有很大的应用潜力。

　　当用户询问一个新的问题时，ChatGPT 模型可以利用已经学习到的语言规律和语义信息，生成有意义的回答。这种能力可以使对话系统具备更好的适应性，从而能够更好地应对现实生活中的变化和不确定性。

　　2. 语言理解和文本生成方面的优势

　　ChatGPT 语言理解和文本生成的优势如图 2-6 所示。

　　（1）ChatGPT 模型的预训练模型是基于 Transformer 架构

　　使用大规模语料库进行无监督学习，从而可以学习到丰富的语言知识和语义信息。具体来说，ChatGPT 模型可以通过预训练模型学习到语言的结构、语义、语法等方面的知识，这些知识可以帮助模型更好地理解和生成文本。预训练模型可以提高 ChatGPT 模型的泛化能力，即使在未见过的数据上也可以有较好的表现。因为模型已经在大规模语料库上学习到了丰富的语言知识和语义信息，可以对未知数据进行良好的推理和处理。此外，预训练模型也可以降低模型训练的成本和时间，因为预训练模型可以通过迁移学习的方式在其他任务上进行微调，而不需要从零开始训练模型。通过预训练模型，ChatGPT 模型可以更好地理解和利用输入文本中的上下文信息，从而提高了对话生成和问答系统的表现。此外，在文本生成任务中，ChatGPT 模型可以利用预训练模型学习到的语言知识和语义信息生成更加准确、自然的文本。这种方式可以使模型在文本生成方面具有更强的表现和优势。

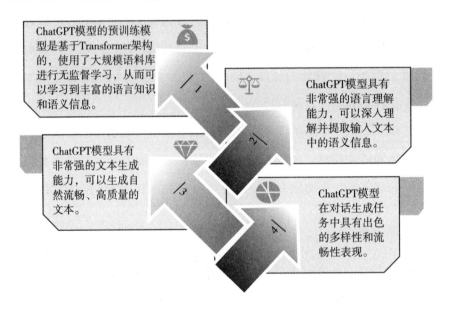

图 2-6 ChatGPT 语言理解和文本生成的优势

（2）ChatGPT 模型具有非常强的语言理解能力

ChatGPT 可以深入理解并提取输入文本中的语义信息。这种能力得益于 ChatGPT 模型采用的 Transformer 架构和预训练模型的方式进行训练。在训练过程中，ChatGPT 模型可以学习到丰富的语言知识和语义信息，包括语法、语义、上下文等方面的信息。这些知识可以帮助模型更好地理解和生成文本。

在实现语言理解任务时，ChatGPT 模型可以利用多层自注意力机制识别和提取文本中的重要信息，从而更好地理解文本的含义。通过多层自注意力机制，ChatGPT 模型还可以根据文本的上下文信息，自动关注文本中的重要部分，排除噪声和不重要的信息，从而提高了对文本的理解能力。这种能力在许多自然语言处理任务中非常有用，如文本分类、情感分析、命名实体识别等，可以帮助模型更准确地理解和分析文本。

（3）ChatGPT 模型具有很强的文本生成能力

ChatGPT 可以生成自然流畅、高质量的文本。这种能力得益于模型采用的自回归模型和多头注意力机制。在文本生成任务中，模型可以根据输入的上下文信息生成高质量的文本，并且可以生成多种不同的文本样式。

具体来说，在文本生成任务中，ChatGPT 模型是利用自回归模型生成文本序列。模型会根据前面已经生成的文本内容，自动预测下一个单词或字符的可能性，并且生成对应的文本。这种自回归模型可以根据输入的上下文信息，生成具有连贯性和流畅性的文本。同时，ChatGPT 模型还可以利用多头注意力机制，在生成文本的同时关注输入的上下文信息和自身已经生成的部分文本，从而生成更加准确、流畅自然的文本。

ChatGPT 模型的文本生成能力可以应用于许多任务，例如，可应用于对话生成、文本摘要、机器翻译等任务。在对话生成任务中，模型可以根据对话的上下文信息，生成流畅自然的答案，使对话更加流畅自然。在文本摘要任务中，模型可以根据输入的长篇文章，生成简洁准确的摘要信息。在机器翻译任务中，模型可以根据输入的原文本信息，生成对应的翻译结果，使得翻译结果更加准确、流畅。

（4）ChatGPT 模型在对话生成任务中具有出色的多样性和流畅性

因为该模型使用自回归机制生成对话回复，同时采用了多头注意力机制来充分考虑输入的上下文信息，使生成的回复更加自然、连贯。

此外，ChatGPT 模型还可以生成富有情感的对话回复，使得对话更加生动、真实。模型使用了情感向量来表示每个词的情感属性，从而在生成回复时，能够考虑到情感的因素，使对话更加丰富、真实。

3. 语义表示和情感分析方面的优势

ChatGPT 模型在语义表示任务方面的优势非常出色，它的优势在于可以学习到丰富的语言知识和语义信息。具体来说，ChatGPT 模型通过无监督的方式在大规模语料库上进行训练，可以自动地学习到词汇和上下文之间的关系，从而将文本转化为高维语义空间中的向量表示。这种向量表示能够捕捉到文本的语义信息，使 ChatGPT 模型可以在文本分类、命名实体识别等任务中表现出色。

例如，在命名实体识别任务中，ChatGPT 模型可以通过学习上下文信息和语言知识，准确地识别文本中的实体，如人名、地名等，并将其映射到语义空间中的向量表示。这种向量表示能够准确地反映出实体的语义信息，从而可以更好地理解文本的含义。同时，ChatGPT 模型在语义表示任务中还可以对文本进行语义相似性比较，从而更好地支持语言搜索和推荐等应用场景。

假设有一个包含多个人名、地名和组织机构名的文本，如下：

"张三和李四在纽约的中央公园见面，他们一起去了谷歌总部和 Facebook 总部。"

ChatGPT 模型可以通过学习上下文信息和语言知识，准确地识别文本中的实体，并将其映射到语义空间中的向量表示。例如，模型可以识别出文本中的"张三"和"李四"是人名，"纽约"是地名，"中央公园"是公园名，"谷歌总部"是组织机构名。

在识别出这些内容后，ChatGPT 模型可以使用这些向量表示来计算实体之间的语义相似性。例如，模型可以计算"纽约"和"中央公园"的相似性，或者计算"谷歌总部"和"Facebook 总部"的相似性。这些相似性计算可以用于支持自然语言搜索和推荐等应用场景。例如，当用户搜索"在纽约附近有哪些公园？"时，模型可以使用"纽约"和"公园"这两个实体的向量表示来计算与"中央公园"等其他公园的相似性，并返回相应的搜索结果。

在情感分析任务方面，ChatGPT 模型具有很强的优势。它能够学习到文本中的情感信息和情感词汇，并且能够准确识别文本的情感倾向。通过深度学习的方法，ChatGPT 模型可以将文本的情感信息进行整合，从而对情感信息进行表示和分类。除此之外，ChatGPT 模型还可以生成富有情感的文本，使情感分析任务更加准确和有效。假设现在有一句话："这个电影真的很棒！"此时需要通过情感分析来确定这句话的情感倾向是积极还是消极。

使用 ChatGPT 模型进行情感分析，可以识别到"很棒"这个情感词，并且能够理解这个词所传递的情感信息。ChatGPT 模型可以通过深度学习的方法对情感信息进行分类。在这个例子中，ChatGPT 模型会将这句话的情感极性判定为"积极"。

除了判定情感倾向，ChatGPT 模型还可以根据所学习到的情感信息，生成富有情感的文本。例如，如果需要生成一句与一部电影相关的评价，ChatGPT 模型可以根据已有的情感信息，生成如下的评价："这是一部非常棒的电影，我完全被它的故事和表演所吸引。"

三、ChatGPT 在推理、对话和多语言处理等方面的能力和应用

1. 推理和常识问答方面的能力和应用

ChatGPT 在推理和常识问答方面具有很强的能力和应用。其在推理方面可以通过自然语言推理技术，实现对自然语言的逻辑推理和常识推理。在常识问答方面，它可以回答一些常识性问题，例如"大象会飞吗？"等问题。

ChatGPT 能够识别和理解文本中的逻辑和语义关系，并且通过多次迭代学习，能够推理出更复杂的逻辑和语义关系。这种能力可以应用于多种问题的解决，如自然语言推理、常识问答等。

在应用方面，ChatGPT 可以应用于智能客服、智能问答等领域。例如，在智能客服中，ChatGPT 可以识别用户提问的意图，并进行语义推理和常识问答，从而提供准确的答案和解决方案。在智能问答中，ChatGPT 可以回答用户提出的问题，从而帮助用户快速获得所需的信息和答案。ChatGPT 的应用还可以拓展到知识图谱的构建和应用。ChatGPT 可以利用其强大的推理和常识问答能力，与知识图谱相结合，进一步提高知识图谱的建设和应用效果。例如，可以利用 ChatGPT 对知识图谱中的实体和关系进行推理，从而发现新的实体和关系，进一步拓展知识图谱的规模和内容。在智能家居和自动化驾驶等领域，其应用也不容忽视。例如，在智能家居中，ChatGPT 可以通过语义推理和常识问答技术，实现对用户指令的理解和执行，从而实现更加智能化和便捷的家居体验。在自动驾驶中，ChatGPT 可以识别和理解车辆周围的交

通情况，并进行语义推理和常识问答，从而提高自动驾驶的安全性和稳定性。

2. 多语言处理和翻译方面的能力和应用

当涉及多语言处理和翻译时，ChatGPT 模型可以学习多种语言之间的相互关系，并在不同语言之间进行翻译和转换。这种能力是由于ChatGPT 模型的多语言预训练机制所带来的，其能够在大量的多语言语料库中进行训练，学习到多种语言的语法、语义和文化差异等知识。

在多语言处理方面，ChatGPT 模型可以将多种语言的文本转换为相应的语义表示，并将它们映射到相应的语义空间中，从而能够更好地理解和处理不同语言的文本。例如，在多语言文本分类任务中，ChatGPT 模型可以通过学习多种语言知识和语义信息，将不同语言的文本进行分类，从而提高了多语言文本分类的准确性和效率。

在翻译方面，ChatGPT 模型可以通过学习多种语言的相互关系和上下文信息，进行高质量的机器翻译。它可以将一种语言的文本转换为另一种语言的文本，并保持原始文本的语义和风格。例如，在跨语言聊天和商务沟通中，ChatGPT 模型可以将不同语言的对话进行翻译，从而实现跨语言交流。

3. 个性化和上下文感知方面的能力和应用

ChatGPT 模型具有个性化和上下文感知方面的能力和应用。在个性化方面，ChatGPT 模型可以通过学习用户的历史对话记录和个人信息，生成个性化的回答和推荐。例如，在智能客服领域中，ChatGPT 可以识别用户的身份和历史对话记录，根据用户的需求和偏好，提供个性化的服务和解决方案。

在上下文感知方面，ChatGPT 模型可以根据输入的上下文信息生成更加准确和流畅的回答。例如，在对话生成任务中，ChatGPT 模型可以根据前文的内容生成相应的回答，使得对话更加连贯和自然。在文本生成任务中，ChatGPT 模型可以根据输入的前缀信息生成更加准确和符合上下文的文本。这种上下文感知能力可以提高 ChatGPT 模型的生成能力和质量。

在应用方面，ChatGPT 模型的个性化和上下文感知能力可以应用于多个领域，如智能客服、推荐系统、对话生成等。在智能客服领域，个性化和上下文感知能力可以帮助企业更好地了解客户需求和偏好，并提供更加准确和满意的服务。在推荐系统领域，个性化能力可以提高推荐的准确性和个性化程度。在对话生成领域，上下文感知能力可以生成更加自然和连贯的对话回复。

在智能客服领域，ChatGPT 可以根据用户的历史对话记录和个人信息，提供个性化的服务。例如，当用户与客服进行交流时，ChatGPT 可以分析用户的历史对话记录和个人信息，了解用户的需求和偏好，提供相应的解决方案。如果这个用户经常咨询的是手机相关的问题，ChatGPT 就可以根据这些信息提供更加专业和有针对性的建议，从而提高用户的购买欲望。此外，ChatGPT 还可以根据用户的语言和表达习惯生成更加自然和贴近用户的回答，从而提高沟通效率和用户体验。

第三节 ChatGPT 模型的训练与优化

一、关键技术和参数设计

ChatGPT 的训练方式方法如图 2-7 所示。

图 2-7 ChatGPT 的训练方式方法

1.训练数据和语料库的构建及预处理

训练数据和语料库的构建和预处理是 ChatGPT 模型训练中非常关键的一步。这一步的目的是为模型提供足够且高质量的数据，以让模型更好地理解和生成人类语言。

要构建训练数据，可以从多个来源获取，比如搜索引擎、新闻报道、社交平台等。这些来源为 ChatGPT 的训练提供了丰富的数据，可以让模型学习不同类型和主题的语言。但同时需要确保这些数据的质量和多样性，这样才能让模型得到更好的训练效果。

在收集数据后，还需要对数据进行其他处理，这样才能更好地适应模型。预处理的过程包括以下几个步骤。

第一步，分词。将文本分成一个个单独的词语，这样可以让模型更好地理解语言。英文一般是以空格来分隔词语，中文则需要使用专门的中文分词工具来完成。

第二步，去除停用词。停用词是指在自然语言处理中，对理解语义没有帮助的常用词汇，如"的""是"等。这些词汇可以加快模型的训练速度并减少噪声。

第三步，标准化。对文本进行标准化处理，包括大小写转换、数字转换等。这样可以减少文本中的噪声，并统一数据格式。

如果训练的是中文 ChatGPT 模型，则需要进行额外的中文分词预处理。中文没有像英文那样使用空格来分隔词汇，因此需要使用一些专门的中文分词工具，如 PKUSEG、THULAC（都是中文分词工具包）等。

2. 模型结构和参数设计的优化及改进

模型结构和参数设计是训练 ChatGPT 模型的关键因素，它们直接决定了模型的性能和效率。

ChatGPT 模型采用了基于 Transformer 的编码器和解码器结构。以下是一个使用 PyTorch 实现的简单的 Transformer 模型代码示例，用于将输入序列进行编码和解码。

```python
import torch
import torch.nn as nn

class TransformerEncoderDecoder(nn.Module):
    def __init__(self, vocab_size, d_model, nhead, num_layers):
        super(TransformerEncoderDecoder, self).__init__()

        self.encoder = nn.TransformerEncoder(
            nn.Embedding(vocab_size, d_model),
            num_layers=num_layers,
            norm=nn.LayerNorm(d_model),
            dim_feedforward=2048,
            dropout=0.1,
            nhead=nhead
        )

        self.decoder = nn.TransformerDecoder(
            nn.Embedding(vocab_size, d_model),
            num_layers=num_layers,
            norm=nn.LayerNorm(d_model),
            dim_feedforward=2048,
            dropout=0.1,
            nhead=nhead
        )
```

这段代码定义了一个名为 TransformerEncoderDecoder 的 PyTorch 模型类，该模型类包含一个编码器和一个解码器。这个模型类实现了 PyTorch 中的 TransformerEncoder 和 TransformerDecoder 类，并在它们之上添加了一个线性层以产生最终的输出。

在模型的前向传递过程中，输入序列和目标序列（通常表示为仅仅是向右移动一个位置的输入序列）被传递给编码器和解码器，并且用于产生输出序列。在这个示例中，模型还可以接受各种遮罩（如输入序列的遮罩、目标序列的遮罩等），以更好地捕捉序列之间的关系。

请注意，这只是一个简单的示例，并不完整，但它可以帮助用户了解如何实现 Transformer 模型。

为了优化模型结构，开发者可以考虑以下几个方面：

增加层数：增加层数可以增强模型的表达能力，从而提高模型的性能。但是，如果层数过多，会导致模型的训练变得困难，并且容易出现过拟合现象。

调整隐藏层大小：调整隐藏层大小可以影响模型的表达能力和训练速度。一般来说，隐藏层越大，模型的表达能力越强，但训练速度会变慢。

调整头数：头数是指每个注意力机制中多头的数量。调整头数可以影响模型的表达能力和计算效率。一般来说，头数越多，模型的表达能力越强，但计算效率会变慢。

参数设计的优化和改进方面如下：

预训练和微调：预训练是指使用大规模的无标注文本来训练模型，以获得更好的语言表达能力。微调是指在预训练模型的基础上，使用特定的有标注任务数据对模型进行有监督的微调。预训练和微调可以有效地提高模型的性能。

正则化方法：正则化方法是一种防止过拟合的技术，包括 dropout、L1 正则化、L2 正则化等。这些方法可以有效地减少模型的复杂度，并提高模型的泛化能力。

参数初始化：参数初始化是指初始化模型参数的方法。一般来说，需要保证参数初始化的范围适当，以避免梯度消失和梯度爆炸的问题。同时，还可以采用一些先进的初始化方法，如 Xavier 初始化、Kaiming 初始化等，来提高模型的训练效果。

3. 损失函数和学习率的调整及优化

在训练 ChatGPT 模型时，需要选择合适的损失函数来衡量模型的输出与真实标签之间的差异。通常来说，可以选择交叉熵损失函数或均方误差损失函数。在实际应用中，还可以根据具体情况对损失函数进行优化，如使用 Focal Loss、Label Smoothing 等方法来提高模型的训练效果。

学习率是指模型在更新参数时的时长。调整学习率可以影响模型的训练速度和性能。一般来说，初始的学习率需要选择合适的大小，既不能太小导致模型收敛缓慢，也不能太大导致模型在最优点附近震荡。在模型训练的过程中，可以采用一些学习率调整策略，如学习率衰减、余弦退火、Warmup 等方法，以提高模型的训练效果。

此外，还可以采用自适应调整学习率的方法，例如 Adam、Adagrad 等优化器。这些优化器可以根据每个参数的梯度大小自动调整学习率，从而提高模型的训练效果。

二、训练过程中面临的问题和挑战

1. 训练时间和计算资源的限制和挑战

ChatGPT 模型的规模很大，它需要处理大量的文本数据，并且需要对文本中的每个单词进行编码，所以训练时间和计算资源是一个非常重要的限制和挑战。

一种解决训练时间和计算资源限制的方法是采用分布式训练法。在分布式训练中，训练任务被分配到多个计算节点上并行计算。每个计算节点都处理不同的数据，然后将结果合并起来。这种方法可以有效地减少训练时间，提高模型的训练效率。

另外，还可以通过对模型结构和参数进行优化，以减少训练时间和计算资源的需求。例如，可以通过减少模型的层数和头数来降低计算资源的需求。此外，还可以使用一些高效的优化器，如 Adam 和 Adagrad，来加速模型的训练过程。

2. 过拟合和欠拟合的问题和挑战

过拟合和欠拟合是训练 ChatGPT 模型时常见的问题和挑战，如果模型过度拟合或欠拟合，可能会导致模型在实际应用中表现不佳，甚至降低模型的可用性和准确性。

为了解决这些问题，可以采用一些有效的方法来提高模型的泛化能力和鲁棒性。例如，可以使用正则化方法，如 dropout、L1 正则化、L2 正则化等，来减少模型的复杂度，并防止过拟合现象的发生。此外，还可以采用数据增强的方法，如旋转、翻转、裁剪等，来增加训练数据的多样性，从而提高模型的泛化能力。

除此之外，还可以采用一些更先进的技术，如自适应正则化、集成学习等，来进一步提高模型的泛化能力和鲁棒性。自适应正则化是一种动态调整正则化强度的方法，它可以根据模型的训练状态来自适应地调整正则化的强度，从而提高模型的泛化能力。集成学习是一种将多个模型组合起来进行预测的方法，它可以减少模型的过拟合和欠拟合现象，提高模型的准确性和鲁棒性。

3. 数据偏差和样本选择的问题和挑战

数据偏差和样本选择是训练 ChatGPT 模型时常见的问题和挑战。数据偏差指的是训练数据中存在某些偏向性，比如某些类别的样本数量过少或过多，从而导致模型对某些类别的样本学习不足或学习过多。样本选择则是指在采样训练数据时，可能会存在一些选择偏差，比如选择过多某个主题的文本，从而导致模型对其他主题的文本学习不足。这些问题可能会导致模型在实际应用中表现不佳，因为模型没有很好地学习到数据的本质规律。为了解决这些问题，可以采用以下几种方法。

数据平衡：在数据集中增加或减少某些类别的样本数量，使得每个类别的样本数量都接近，从而减少数据偏差的影响。常用的数据平衡方法包括过采样、欠采样和 SMOTE（一种采样技术）等。

随机采样：在采样训练数据时，可以采用随机采样的方法，如随机重采样、K-fold 交叉验证等。这样可以减少样本选择偏差的影响，增加模型对数据的覆盖范围。

多样性增强：可以采用一些数据增强的方法，如旋转、翻转、裁剪等，来增加训练数据的多样性，从而提高模型的泛化能力。同时，还可以使用一些生成式模型，如 GAN、VAE 等，来生成新的训练数据，以增加数据的多样性和数量。

三、训练和优化对性能与应用的意义

1. 训练和优化对性能与速度的影响及意义

优化算法、损失函数和学习率等参数的选择和调整，对模型的性能和速度产生重要影响。例如，选择合适的优化算法和调整合适的学习率可以加速模型训练，并提高模型的准确性。而选择不当的优化算法和不恰当的学习率，则可能导致模型收敛缓慢，训练时间长，并降低模型的性能和速度。

在训练过程中，采用分布式训练和 GPU 加速等技术，可以大幅缩短训练时间和提高训练效率，从而进一步提高模型的性能和速度。这些技术可以将大规模的数据集划分成多个小批次进行处理，从而提高训练效率和扩展模型的训练规模。

在模型优化方面，采用正则化方法、优化器和自适应学习率等技术，可以进一步提高模型的训练效率和泛化能力，从而在保持模型准确性的同时提高模型的速度。例如，采用正则化方法可以有效地避免过拟合现象，提高模型的泛化能力；而采用自适应学习率可以自动调整学习率大小，从而在训练过程中更加稳定和高效。

2. 训练和优化对应用场景与效果的影响及意义

训练和优化对 ChatGPT 模型在不同任务中的性能和效果有很大的影响，可以帮助模型更准确、更快速地完成任务，提高用户的体验和满意度。

比如，在对话生成任务中，训练和优化可以帮助 ChatGPT 模型更快速地生成准确的回答，提高模型的速度和准确性；在情感分析任务中，训练和优化可以帮助模型更准确地识别文本的情感倾向，提高模型的稳定性和准确性。

采用不同的训练和优化方法，也会对模型的性能和效果产生不同影响。例如，使用分布式训练和 GPU 加速可以提高模型的响应速度，使用正则化方法可以避免模型过拟合，提高模型的泛化能力。

3. 训练和优化对模型可解释性与可控性的影响及意义

当训练和优化 ChatGPT 模型时，提高模型的可解释性和可控性是非常重要的，因为这些特性可以帮助用户更好地理解模型的决策过程，并且对模型的输出结果进行干预和调整。

在文本生成任务中，ChatGPT 模型可以生成连贯的、自然的文本。但是，如果需要控制生成的文本的主题或者情感，此时就需要提高模型的可控性。通过调整模型的参数或者设计输入输出，可以控制生成文本的主题或情感，使得生成的文本更符合需求。

在对话生成任务中，ChatGPT 模型需要根据用户的输入生成恰当的回答。在这个任务中，提高模型的可解释性，可以帮助我们更好地理解模型是如何选择和组织语言来生成回答的。

在情感分析任务中，ChatGPT 模型需要识别文本的情感倾向。提高模型的可解释性，可以帮助用户更好地理解模型如何通过语言特征来识别情感。例如，可以使用解释性技术，如 LIME（局部线性解释）和 SHAP（加性特征重要性）等，来可视化模型对每个输入特征的重要性，从而更好地理解模型的决策过程。

第三章

卓越的 ChatGPT：改变客户服务的未来

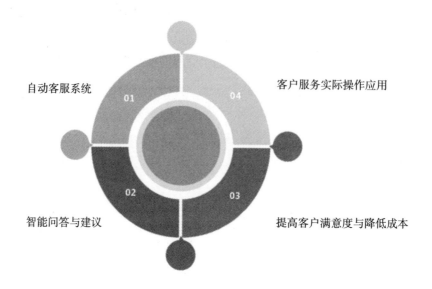

自动客服系统　　　　　　　　　　　　　　客户服务实际操作应用

智能问答与建议　　　　　　　　　　　　　提高客户满意度与降低成本

第一节　自动客服系统

一、自动问答解决方案

自动问答解决方案是指通过分析用户的问题，自动给出对应的答案或解决方案的技术。根据不同的实现方式，自动问答解决方案可以分为基于规则、基于检索和基于生成的三种类型。自动问答解决方案如图3-1所示。

1. 基于规则的自动问答解决方案

基于规则的自动问答解决方案是一种最早的自动问答技术，它使用预先定义好的规则来匹配用户的问题和答案之间的关系。这些规则通常是由人工制定的，而且针对不同的领域和问题进行分类。当用户提出问题时，这种技术会先匹配已有的规则，然后在数据库中查找相应的答案。

图 3-1　自动问答解决方案

以智能客服为例，当用户向客服系统提出问题时，系统首先会将用户的问题转换为标准化的问题，然后将其与已有的规则进行匹配。如果已有的规则可以匹配到这个问题，系统就会返回预设的答案。如果没有匹配到，系统就会向用户提供一些相关信息或建议。

相较于其他两种自动问答解决方案，基于规则的自动问答解决方案的准确率相对较低，因为它只能针对已知的规则进行匹配，很难准确处理好用户的复杂问题。不过，这种技术对于一些特定的领域或问题，如常见的问题或流程问题，仍然具有一定的适用性。

2. 基于检索的自动问答解决方案

基于检索的自动问答解决方案是一种常用的自动问答技术，它的基本思想是将用户的问题和已有的答案分别转化为向量，然后计算它们之间的相似度，找到最相似的答案返回给用户。

这种技术的训练数据通常是一些问题和它们对应的答案，也就是我们所说的语料库。这些数据会被转化为向量表示，并存储在一个索引库中。当用户提出问题时，它也会被转化为向量表示，然后计算与索引库中所有向量之间的相似度。最后，系统会返回与用户问题最相似的答案。

相较于基于规则的自动问答技术，基于检索的自动问答解决方案能够更好地处理一些复杂的问题，因为它不需要事先制定规则。此外，它的训练数据来源也更加灵活，可以从各种各样的来源中获取，包括在线文档、论坛发帖、新闻报道等。但基于检索的自动问答解决方案也存在一些限制。例如，它无法处理一些复杂的问题，需要更高级的技术支持，如基于生成的自动问答解决方案。此外，如果训练数据不足或不够准确，它的准确率也会受到影响。

3. 基于生成的自动问答解决方案

基于生成的自动问答解决方案是一种新兴的自动问答技术，它使用深度学习技术，直接生成符合用户问题的答案。与基于检索的自动问答技术不同，基于生成的自动问答技术可以针对用户的问题生成全新的答案，具有更好的灵活性。

这种技术的核心是使用深度神经网络模型，如 GPT 等模型，通过预训练和微调，让模型理解语言的语义和上下文信息。当用户提出问题时，模型会生成一个符合语法和语义规范的答案，并输出给用户。

相较于基于规则和基于检索的自动问答技术，基于生成的自动问答解决方案可以应对更加复杂的问题，因为它可以生成全新的答案，不受已有数据的限制。此外，该技术可以利用大量的语料库进行预训练，从而提高模型的效果。但基于生成的自动问答解决方案也存在一些限制，如生成的答案有可能不符合用户的期望或者不准确。此外，该技术需要大量的训练数据和计算资源，训练和部署的成本也相对较高。

二、语音识别技术在客服系统中的应用

1. 语音识别技术的基本原理

当人们说话的时候，声音是以声波的形式传播的。首先，语音识别技术将声波信号进行采样和数字化处理，将其转化为一系列数字信号。其次，语音识别技术会使用声学模型对数字信号进行处理和识别。声学模型是一个用于处理语音信号的数学模型，它可以将语音信号分成不同的单元，例如，音素、音节、单词等。这些单元构成了语音识别的基本单位。声学模型的训练是基于大量标注的语音数据进行的，因此它能够识别不同的语音单元并将其转化为相应的数字表示出来。

语言模型是语音识别技术的另一个重要组成部分。语言模型用于分析和预测语音信号的文本内容。它通过分析语音信号中单词和短语的使用概率和语法结构，来确定最可能的文本输出给用户。语言模型的训练通常使用大量的文本数据集，例如，新闻、小说和网页等。

2. 语音识别技术在自动客服系统中的应用

语音识别技术的应用图示如图 3-2 所示。

图 3-2　语音识别技术的应用图示

语音识别技术在自动客服系统中有着广泛的应用，它能够让用户通过语音输入问题，实现自然语言交互，提升用户体验和客户服务质量。以下是语音识别技术在自动客服系统中的一些应用。

（1）语音导航

语音识别技术可以在自动客服系统中实现语音导航功能。用户通过语音输入自己的需求，系统会自动分析并给出相应的服务指引。这种语音导航功能可以减少用户的操作难度和时间，提高用户满意度。

（2）语音交互

语音识别技术可以使得用户通过语音进行自然的交互。在自动客服系统中，用户可以通过语音输入问题，之后系统会通过语音识别技术将其转化为文本，并根据问题类型和答案库中的数据提供相应的答案或解决方案。这种语音交互方式可以极大地提高用户的体验感和互动性。

（3）语音验证码

语音识别技术可以在自动客服系统中实现语音验证码功能，例如，通过语音输入手机号码或者其他验证信息。这种语音验证码方式可以防止机器人恶意操作，从而提高系统的安全性和可靠性。

（4）语音留言

语音识别技术可以在自动客服系统中实现语音留言功能，用户可以通过语音留言的方式给客服系统留言，系统会自动转化为文本留言并保存。这种方式可以让用户更加方便快捷地留言，同时也方便了客服人员的查看和处理。

3.语音识别技术在客服系统中的优势

语音识别技术在客服系统中的应用有很多优势。首先，它可以提高用户的体验感和互动性，因为用户可以通过语音进行自然的交互，提高用户的参与度和满意度。其次，语音识别技术可以极大地提高自动客服系统的效率和准确性，因为它能够快速、准确地将用户的语音信号转化为文本或命令后进行分析和处理，给出相应的答案或解决方案。这样不仅可以减少客服人员的工作量，而且提高客服效率和效益。

此外，语音识别技术在客服系统中还有其他的优势。例如，语音识别技术可以实现语音导航功能，减少用户的操作难度和时间，提高用户满意度；实现语音验证码功能，防止机器人恶意操作，提高系统的安全性和可靠性；实现语音留言功能，让用户更加方便快捷地留言，同时也方便了客服人员的查看和处理。

第二节　智能问答与建议

一、ChatGPT 在智能问答系统中的应用

1.ChatGPT 在搜索引擎中的应用

ChatGPT 作为一种人工智能技术，是一个基于大规模预训练的语言模型，可以对人类语言进行理解和生成，具有很强的自然语言处理能力。在搜索引擎中，ChatGPT 可以应用于智能问答系统中，为用户提供更加准确和个性化的搜索结果。当用户输入问题时，ChatGPT 会自动分析问题的意图，并生成相应的答案，从而帮助用户找到所需信息。

ChatGPT 在搜索引擎中的应用可以极大地提高搜索结果的准确性和个性化。传统的搜索引擎通常只是根据用户输入的关键词进行匹配，而无法理解问题的意图和背景。但是，ChatGPT 可以通过预训练和自适应学习，获取大量语料库中的知识和信息，并将这些知识和信息应用于问答系统中。因此，ChatGPT 可以在搜索过程中更好地理解问题，并生成更准确的答案。

具体来说，ChatGPT 在搜索引擎中的应用有智能搜索结果展示、个性化推荐、自动补全和纠错等几个方面，ChatGPT 搜索引擎如图 3-3 所示。

智能搜索结　　　　个性化推荐　　　　自动补全和
果展示　　　　　　　　　　　　　　　纠错

图 3-3　ChatGPT 搜索引擎应用图示

（1）智能搜索结果展示

ChatGPT 能够分析用户输入的问题，并且可以根据问题的意图，展示与问题相关的信息。当用户搜索"如何学习编程"时，ChatGPT 可以自动地生成相关的问题和答案，如"编程初学者如何入门""哪些编程语言适合初学者"等。这些问题和答案都与用户的输入问题相关，可以帮助用户更快速地找到需要的信息，提升搜索结果的准确性和用户体验。

编程初学者如何入门？

作为编程初学者，以下是一些可以帮助您入门的建议：

1. 选择一门编程语言：您可以从 Python、Java、C++、JavaScript 等常见的编程语言中选择一门开始学习。选择一门语言时，可以考虑以下因素：您要实现的项目类型、所需的学习曲线、语言的流行程度等。
2. 学习基础概念：学习编程的基础概念，例如变量、数据类型、控制流等，这些概念是编程的基础。
3. 阅读文档和教程：阅读编程语言的官方文档和教程可以帮助您快速入门。此外，还可以通过网络上的许多在线资源，例如网站、博客、论坛等来学习。
4. 实践编程：实践是学习编程的重要环节。可以通过编写简单的程序或实现一些小项目来进行实践。这有助于您加深对编程语言的理解和应用。

5. 参与编程社区：与其他编程初学者和经验丰富的编程人员互动可以帮助您更快地学习和解决问题。可以参加线下和线上的编程社区和论坛，与他人交流、学习和分享经验。
6. 持续学习：编程是一个不断学习的过程。在掌握基础知识后，您可以通过学习其他相关技能和掌握更高级的编程技巧来不断提高自己。

（2）个性化推荐

ChatGPT 可以根据用户的历史搜索记录和浏览行为，为用户生成个性化的搜索结果。当用户经常搜索关于健康的问题时，ChatGPT 可以根据用户的兴趣和需求，为用户推荐相关的健康问题和答案。这种个性化推荐能够帮助用户更快速地找到所需信息，提高搜索结果的准确性和用户体验。

（3）自动补全和纠错

ChatGPT 可以通过预测用户的输入，自动补全和纠错输入的问题。当用户输入"comuputer"时，ChatGPT 可以自动纠错为"computer"，从而提高搜索结果的准确性和用户体验。自动补全和纠错能够帮助用户更快速地输入正确的问题，从而获得更加准确的搜索结果。

comuputer 词语

"computer"是一个英语单词，表示计算机，通常用来指代一种能够完成各种数据处理和计算任务的电子设备。计算机通常由中央处理器（CPU）、内存、硬盘、输入设备和输出设备等组成，可以用于各种计算、数据处理、通信、娱乐等任务。

2. ChatGPT 在问答社区中的应用

ChatGPT 可以自动分析用户在问答社区中提出的问题，并为用户提供相关的答案。这些答案可以帮助用户解决问题，也可以为其他用户提供参考和借鉴。当用户在社区中提出问题时，ChatGPT 会先对问题进行自然语言处理，包括语义理解、意图识别等。然后，ChatGPT 会在数据库中寻找相关的问题和答案，并根据问题的语义和上下文生成相应的答案。

例如，当一个用户在问答社区中提出"如何学好英语"的问题时，ChatGPT 会分析问题的意图，查找相应的问题和答案，并为用户提供相关的答案，如"如何提高英语口语""如何记忆单词""如何自学英语"等。这些答案都与用户提出的问题相关，可以帮助用户更快速地解决问题。

此外，ChatGPT 还可以根据用户的历史记录和行为，为用户推荐相关的问题和答案。例如，当一个用户在问答社区中经常搜索关于编程的问题时，ChatGPT 可以根据用户的兴趣和需求，为用户推荐更多与编程相关的问题和答案。这种个性化推荐可以帮助用户更加高效地获取所需信息。

3. ChatGPT 在智能客服中的应用

在智能客服中，ChatGPT 可以根据用户输入的问题，自动生成相应的答案或解决方案，帮助客户快速解决问题，提高客户满意度和服务效率。ChatGPT 在智能客服中的应用如图 3-4 所示。

（1）自动化客户服务

ChatGPT 可以在智能客服系统中自动化解决客户问题，降低人工客服的负担。当客户提出问题时，ChatGPT 可以自动分析问题的意图，并根据已有的知识库和历史数据生成相应的答案或解决方案。这种自动化客户服务可以大大提高服务效率，同时也能够减少人工客服的工作量。

（2）个性化服务

ChatGPT 可以根据客户的历史数据和行为分析，为客户提供个性化的服务。例如，当客户多次询问某一问题时，ChatGPT 可以根据客户的需求和偏好，为客户推荐相关的解决方案或产品。这种个性化服务可以提高客户满意度和认可度。

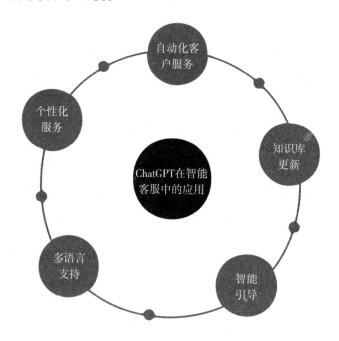

图 3-4　ChatGPT 在智能客服中的应用

（3）多语言支持

ChatGPT 可以支持多种语言的自然语言处理，为全球客户提供多语言服务。当客户使用不同语言提出问题时，ChatGPT 可以自动识别并将问题转化为客户所需的语言，从而提高服务的全球化和多元化。

（4）智能引导

ChatGPT 可以根据客户的需求和行为，为客户提供智能引导，推荐相应的产品或服务。例如，当客户需要购买某一产品时，ChatGPT 可以根据客户的需求和历史数据，为客户推荐相应的产品和购买方案，提高客户购买转化率。

（5）知识库更新

ChatGPT 可以根据客户提出的问题和反馈，自动更新知识库，提高智能客服系统的知识和质量。当 ChatGPT 不能回答某一问题时，系统可以将这个问题添加到知识库中，供后续分析和解决。

二、ChatGPT 在个性化建议推荐中的应用

1. 基于 ChatGPT 的智能学习计划推荐

ChatGPT 作为一种强大的人工智能模型，可以通过收集和分析学生的学习背景、兴趣和学习风格等信息，为学生提供个性化的学习计划推荐。

对于学生的学习背景和兴趣，ChatGPT 可以通过自然语言处理和机器学习技术，对学生的兴趣和熟练程度进行分析，然后基于这些信息为学生推荐相应的课程和学习资源。

除了学生的学习背景和兴趣，ChatGPT 还可以根据学生的学习风格为他们制定个性化的学习计划。例如，对于喜欢深度学习的学生，ChatGPT 可以推荐一些项目式的学习任务，让学生通过实践来掌握知识。而对于更喜欢阅读和听课的学生，ChatGPT 可以提供一些详细的学

习笔记和讲义，以便他们更好地掌握知识。

在制定学习计划时，ChatGPT 还可以考虑学生的时间安排。例如，对于时间安排紧张的学生，ChatGPT 可以提供灵活的学习计划，以便他们在忙碌的日程中找到时间学习。而对于有较充裕时间的学生，ChatGPT 可以为他们设计更为深入的学习计划。

假设现在有一个对编程感兴趣的初学者学生。ChatGPT 可以根据学生的背景和兴趣，推荐一些入门级的编程课程，如 Python 基础知识、算法导论等。对于学习风格，ChatGPT 可以推荐一些实践性的项目，如设计一个简单的网站或者开发一个小型游戏，以便学生能够通过实践来掌握编程知识。在时间安排方面，ChatGPT 可以提供灵活的学习计划，以便学生在忙碌的日程中找到时间学习。同时，ChatGPT 还可以不断跟踪学生的学习进度，并根据学生的反馈和表现调整学习计划，以确保学生始终保持充分的挑战和兴趣。如果学生完成了一个项目，ChatGPT 可以根据学生的表现和反馈，推荐更为复杂和挑战性的项目，以便学生能够继续提高自己的编程技能。

除了推荐课程和项目，ChatGPT 还可以为学生提供其他的学习资源，如学习笔记、视频教程、练习题等。这些资源可以帮助学生更好地理解和掌握知识，并为他们在实践中提供指导和支持。

2. 基于 ChatGPT 的个性化就业建议推荐

在当今就业市场中，求职者面临着各种职业选择，往往难以作出决策。ChatGPT 可以通过分析用户的教育背景、技能、兴趣和职业目标等信息，为用户提供个性化的就业建议。

ChatGPT 可以帮助用户了解不同行业和职位的特点、发展前景和所需技能，从而帮助用户作出明智的职业选择。例如，对于一个计算机科学专业的毕业生，ChatGPT 可以为他推荐一些热门的职业方向，如人工智能、大数据分析和软件开发等。

根据用户的优势和兴趣，ChatGPT 可以为他们推荐合适的职位。例如，对于一个善于沟通且对市场营销感兴趣的用户，ChatGPT 可以推荐他从事数字营销或者公关等相关职业。

ChatGPT 还可以为用户提供有针对性的求职建议，帮助他们提高求职成功率。例如，对于一个即将参加面试的求职者，ChatGPT 可以提供针对该职位的面试技巧、常见问题及回答建议等。此外，ChatGPT 还可以帮助用户优化简历和求职信，突出他们的优势和特长，从而在竞争激烈的求职市场中脱颖而出。

3. 基于 ChatGPT 的个性化商品推荐

ChatGPT 可以根据用户的购买记录和浏览历史，分析出用户的喜好和需求。例如，对于一个经常购买运动装备的用户，ChatGPT 可以推测出该用户可能对运动和健身感兴趣。基于这些信息，ChatGPT 可以为用户推荐一些与运动和健身相关的商品，如运动鞋、瑜伽垫等。根据用户的兴趣偏好，为他们推荐独特且具有吸引力的商品。例如，对于一个喜欢摄影的用户，ChatGPT 可以推荐一些创意的摄影配件和工具，如稳定器、滤镜等。这样的推荐不仅能满足用户的需求，还能激发他们的购买欲望。

ChatGPT 还可以为用户提供个性化的购物优惠和活动信息。例如，当用户正在浏览一款他们感兴趣的商品时，ChatGPT 可以推送与该商品相关的折扣和优惠券信息，提高用户的购买意愿。

三、ChatGPT 在客户投诉处理中的应用

1. 基于 ChatGPT 的投诉处理自动化解决方案

客户投诉处理是企业客户服务的重要组成部分，其质量直接影响到客户满意度和企业声誉。ChatGPT 作为一种先进的人工智能模型，在投诉处理自动化解决方案方面具有显著优势。ChatGPT 可以自动识别并对客户投诉进行分类。例如，ChatGPT 可以根据投诉内容将客户投诉归类为产品质量问题、配送问题、售后服务问题等。在面对投诉时，用 ChatGPT 可以更快地进行自动分类，企业可以更快速地将投诉分配给相应的处理部门，提高投诉处理效率。ChatGPT 可以自动生成针对性的回复建议。根据客户的投诉内容，ChatGPT 可以提供一些切实可行的解决方案，如退货退款、换货、补偿等。这样，客服人员可以根据这些建议快速回复客户，提高工作效率。ChatGPT 可以持续跟进客户投诉的处理进度。例如，当一个客户投诉已经得到解决时，ChatGPT 可以自动发送满意度调查问卷，以收集客户对投诉处理结果的反馈。通过持续跟进，企业可以不断优化投诉处理流程，提高客户满意度。

2. 基于 ChatGPT 的投诉处理智能推荐方案

ChatGPT 可以根据客户的投诉历史和满意度进行评分，最终得出适合客户的针对性意见，进而为客服人员提供沟通建议。对于一个常常对服务表现不满的客户，ChatGPT 可以建议客服人员采取更为积极主动的沟通方式，从而改善客户体验度。

可以为客服人员提供关于企业的一系列政策和规定的实时查询功能。当客户提出特殊要求或者对服务、政策有一些疑问时，客服人员可以快速查询相关信息，进而提高其工作效率。例如，当客户询问退货政策时，客服人员可以立即向 ChatGPT 提问，并将准确的答案提供给客户。

ChatGPT 可以基于客户的投诉内容和企业的历史数据，为客服人员提供最佳处理方案。这可以帮助客服人员更快地找到解决问题的方法，从而提高客户满意度。例如，如果客户投诉的产品质量问题在过去的类似情况中已经多次出现，ChatGPT 可以建议客服人员立即安排退款或换货，并向客户提供额外的补偿，以表达诚挚的歉意。

3. 基于 ChatGPT 的客户关怀建议推荐

ChatGPT 可以识别客户的情感状态，为客服人员提供相应的情感关怀建议。例如，如果客户在投诉过程中表现出愤怒或失望，ChatGPT 可以建议客服人员采取更加耐心和同理心的沟通方式，以安抚客户的情绪。

ChatGPT 可以根据客户的投诉内容和历史记录，为客户提供个性化的关怀建议。例如，对于一个因为产品质量问题而多次投诉的客户，ChatGPT 可以建议企业主动联系客户，了解他们的需求和期望，并提供更高质量的产品或者额外的优惠，以表达对客户的关怀。

ChatGPT 可以为企业提供客户关怀的策略建议。通过分析企业的客户满意度数据，ChatGPT 可以为企业提供关于客户关怀的最佳实践和策略。例如，在对比企业满意度时 ChatGPT 可能会发现，在投诉处理过程中主动跟进客户情况的企业往往能够获得更高的客户满意度。基于这一发现，企业可以及时调整自己的客户关怀策略，提高客户满意度。

第三节　提高客户满意度与降低成本

一、ChatGPT 在优化客户体验中的应用

1. 基于 ChatGPT 的情感识别与情感应答

ChatGPT 作为一种自然语言处理模型，具备学习情感和情绪语言特征的能力，因此能够理解客户在对话中表达的情感和情绪。它可以识别客户的情感状态，如愤怒、焦虑、失望等，并且能够识别与之相关的语言特征，如语调、语气、词汇选择等。这使得 ChatGPT 可以更好地理解客户的情感需求，并生成相应的情感应答。

当客户表达负面情感时，ChatGPT 可以生成一些安慰性的话语来缓解客户的情绪。它可以使用正面语言、情感化语言和态度调整，以减轻客户的情绪压力，并表达对客户的关心和支持，同时给予客户一些改善心情的方法。同样地，如果客户表达了一些积极的情感，ChatGPT 也可以使用相应的语言，如祝贺、鼓励和感谢，以增强客户的情感体验。

在对话中，ChatGPT 可以实时监测客户的情感状态，以便进行实时调整。例如，如果客户的情绪开始变得消极，ChatGPT 可以立即作出相应的调整，保持积极的对话氛围。这些调整包括使用更加安抚的语言，提供更多的解释和信息，以及询问客户的情感需求和期望等。

2. 基于 ChatGPT 的用户意图识别和转化

ChatGPT 是一种基于 NLP 技术的自然语言处理模型，具备学习不同意图的语言特征的能力，能够识别客户的意图，并根据其提供相应的帮助和建议。这为企业提供了更高效、更准确、更满意的客户服务体验。

当客户提出问题时，ChatGPT 可以通过学习问题的语言特征和历史对话的经验，识别客户的意图，并提供相应的解决方案。如果客户询问一个产品的特性时，ChatGPT 就可以识别这是一个关于产品特性的问题，并回答这个问题。如果客户正在寻求帮助解决某个问题，ChatGPT 可以识别这个意图，并提供相应的解决方案。如果客户正在考虑购买某个产品，ChatGPT 可以识别这个意图，并提供有关该产品的更多信息，以帮助客户作出决定。

除此之外，ChatGPT 还可以引导客户进一步的对话，以更加了解客户的意图。例如，当客户询问一个产品的特性时，ChatGPT 可以提供更多有关该产品的信息，以便客户更好地了解该产品，并转化为购买该产品的意图。这种方式可以帮助企业增加销售量，提高营收，同时也为客户提供更好的购买体验。

3. ChatGPT 在个性化客户体验中的应用

ChatGPT 在个性化客户体验中的应用可以帮助企业提供更加精准和有针对性的客户服务。通过训练 ChatGPT，它可以识别和理解客户的个性化需求，从而提供个性化的建议和解决方案。当一个客户询问某个产品的价格时，ChatGPT 可以根据客户之前的购买历史和偏好，提供适当的价格范围。如果该客户曾经购买过相似的产品，ChatGPT 可以考虑这些购买记录，提供更准确的价格建议。这样，客户可以感受到企业的个性化关注，从而提高客户满意度和忠诚度。

除了针对客户的个性化需求提供解决方案外，ChatGPT 还可以个性化地推荐产品、服务或解决方案，以满足客户的不同需求。它可以根据客户的兴趣、偏好和购买历史，推荐最符合客户需求的产品和服务。这样，客户可以获得更好的购物体验，并提高企业的业绩。

ChatGPT 还可以为客户提供更好的交互体验，增强客户个性化体验。例如，ChatGPT 可以学习客户的交互习惯和语言特点，并根据客户的风格和偏好来生成响应。这样，客户可以更容易地理解和接受企业的建议和解决方案，从而提高客户满意度和认可度。

二、ChatGPT 在客户服务效率提升中的应用

1.ChatGPT 在自动化服务中的应用

ChatGPT 是一个基于自然语言处理的模型，可以用于自动化客户服务，例如，处理常见问题或提供常见解决方案。它可以通过历史对话和客户需求的分析，了解客户的问题和需求类型，识别常见问题和解决方案，并提供快速和准确的响应，从而减少客户等待时间和人工干预，提高效率和客户满意度。

ChatGPT 可以自动提供答案和解决方案，通过对历史对话和相关文档的学习，自动提供相关的答案和解决方案。这可以使客户更快地解决问题，减少重复的工作和人工干预。此外，ChatGPT 还可以通过不断学

习和改进来提高准确性和效率。例如，通过监控客户反馈和历史对话，ChatGPT 可以识别常见问题和缺失的解决方案，并不断更新知识库，提高自动化服务的质量和客户体验感。

2.ChatGPT 在智能路由中的应用

ChatGPT 可以被用于智能路由，通过识别客户的语言、需求和问题类型等信息，将客户转接到最适合的人工代表或自动服务，从而提高客户的体验和效率。它可以通过以下步骤来提高效率和客户满意度。

ChatGPT 可以识别客户的需求和问题类型。通过分析客户提问的语言和内容，ChatGPT 可以快速地识别客户的需求和问题类型。这可以帮助 ChatGPT 将客户转接到最适合的服务代表或自动服务。

ChatGPT 可以持续学习和改进。通过监控客户转接的成功率和反馈，ChatGPT 可以优化路由算法和知识库，提高准确性和效率。这可以使智能路由系统更加智能和高效，提供更好的客户体验。

3.ChatGPT 在多通道响应中的应用

ChatGPT 可以被用于多通道客户服务中，如通过社交媒体、电子邮件、电话等多种渠道提供支持。它可以通过以下步骤来提高效率和客户满意度。

首先，ChatGPT 可以整合不同的客户服务渠道，如社交媒体、电子邮件、电话等。这可以使客户更方便地获得服务，提高效率和满意度。ChatGPT 可以识别不同的语言特征和对话模式，从而提供相应的服务。

其次，ChatGPT 可以快速响应客户需求。通过分析客户提问的语言和内容，ChatGPT 可以快速响应客户需求。这可以帮助客户更快地解决问题，减少等待时间和不必要的转接，提高效率和满意度。

再次，ChatGPT 可以提供一致的服务体验。通过整合不同的客户服务渠道，ChatGPT 可以提供一致的服务体验，增强客户满意度。无论客户使用哪个渠道获得服务，他们都可以获得相同的服务响应和体验。

最后，ChatGPT 可以进行跨渠道的历史记录和分析。通过分析客户在不同渠道上的反馈和历史对话，ChatGPT 可以识别常见问题和缺失的解决方案，并不断更新知识库和改进服务流程。这可以提高服务质量和效率，增强客户满意度和认可度。

三、ChatGPT 在客户服务成本控制中的应用

通过 ChatGPT 的自然语言处理和语义理解技术，企业可以自动化常见问题解决，并优化客户服务流程，从而降低客户服务的成本。ChatGPT 还可以用于人员培训和管理，从而减少人力成本。通过 ChatGPT 的应用，企业可以提高服务质量和效率，增强客户满意度，从而获得更高的竞争优势。

1.ChatGPT 在常见问题解决中的应用

随着企业规模的扩大和客户需求的增加，常见问题的处理已成为客户服务过程中的一个重要环节。然而，传统的常见问题解决方法需要人工干预，耗费大量时间和资源。而应用 ChatGPT 可以帮助企业实现自动化处理常见问题，从而控制客户服务成本。

ChatGPT 可以通过分析历史对话和相关文档来自动提供常见问题的解决方案。通过不断学习和更新知识库，ChatGPT 可以不断优化解决方案的准确性和效率。这种自动化的解决方案可以快速、准确地帮助客户解决问题，从而减少客户等待时间和人工干预，提高客户满意度。

此外，ChatGPT 还可以识别和分析客户提出的问题，并将其归到相应的问题类别中。这样，企业可以快速了解常见问题类型和出现频率，并对其进行优化。通过针对性地培训员工和改进服务流程，企业可以更好地控制客户服务成本，提高效率和满意度。

2.ChatGPT 在人员培训与管理中的应用

当企业拥有一支庞大的客户服务团队时，人员培训和管理成本将是不可忽视的开支。对于新员工，需要大量时间和精力进行培训，以确保他们能够为客户提供高质量的服务。而对于有经验的员工，需要定期进行培训和管理，以保持他们的技能和知识水平。这些过程需要耗费大量的时间和成本，同时也可能存在培训不足或培训效果不佳的风险。

ChatGPT 的应用可以帮助企业解决这些问题。通过训练 ChatGPT 模拟人类代表的回答方式，并将其应用于客户服务中，企业可以减少人员的招聘和培训成本，并提高服务质量和效率。

企业首先可以将历史对话和相关文档提供给 ChatGPT 进行学习，使其能够理解并生成自然语言回答。其次，企业可以将 ChatGPT 应用于客户服务中，作为自动化客服代表。当客户提出问题时，ChatGPT 可以自动分析问题，并提供相关的答案和解决方案。ChatGPT 还可以不断学习和改进，以适应不断变化的客户需求和问题类型。通过监控历史对话和客户反馈，ChatGPT 可以识别常见问题和缺失的解决方案，并不断更新知识库和改进服务流程。这可以帮助企业提高客户满意度，并减少人员培训和管理的成本。

3.ChatGPT 在客户服务流程优化中的应用

ChatGPT 的智能化和自动化客户服务解决方案可帮助企业以最低的成本提供卓越的客户服务体验。它可以通过分析客户的语言和需求，识别客户意图，并自动提供准确的答案和解决方案。ChatGPT 的智能路由技术可以帮助客户快速地转接到最适合的服务代表或自动服务，提高效率和满意度，同时减少等待时间和转接次数。企业还可以将 ChatGPT 应用于常见问题解决中，使客户能够快速地获得解决方案，减少人工干预和重复工作，从而降低客户服务成本。

ChatGPT 可用于人员培训和管理，减少招聘和培训成本，并提高服务质量和效率。ChatGPT 可以模拟客服代表的回答方式，使企业能够更快地培养新的服务代表，从而降低人力成本。企业可以通过持续学习和改进来不断优化客户服务流程，提高服务质量和效率，进一步降低成本。这些优势不仅有助于企业节省成本，还能提高品牌形象和客户忠诚度。

例如，某公司的客户服务部门需要处理大量的客户咨询和投诉，需要不断培训和招募新的服务代表来应对客户需求。为了降低人力成本和提高服务质量和效率，该公司可以使用 ChatGPT 作为客户服务代表的辅助工具。

首先，该公司可以通过收集和分析服务代表的工作经验和技能等信息，训练 ChatGPT 模型来模拟服务代表的回答方式。这样，当新的服务代表需要接受培训时，可以使用 ChatGPT 来模拟客户咨询和投诉，并让新的服务代表通过模拟回答来提高自己的服务水平。

其次，该公司还可以使用 ChatGPT 来减少自动化客户服务流程，降低服务代表的工作负担。例如，当客户咨询和投诉达到一定数量时，ChatGPT 可以自动回复常见问题，释放服务代表的时间和精力，让他们可以更专注于处理复杂和重要的问题。

最后，该公司可以通过持续学习和改进来不断优化客户服务流程，提高服务质量和效率，并减少成本。例如，通过分析 ChatGPT 自动生成的回答和服务代表的回答，该公司可以发现和解决一些潜在的问题和误解，并优化 ChatGPT 的训练和服务流程。

通过使用 ChatGPT 来辅助人员培训和管理，该公司可以降低人力成本和提高服务质量，同时提高品牌形象和客户认可。客户可以更快地获得满意的回答和解决方案，从而更愿意继续使用该公司的服务，提高客户满意度和忠诚度。同时，该公司可以在竞争激烈的市场中保持优势，成为客户信赖的首选服务提供商。

第四节　客户服务实际操作应用

本节将深入探讨如何利用 ChatGPT 来优化客户服务。ChatGPT 作为一个大型的语言模型，可以成为企业工作中的智能助手，为其提供多元化的支持和实用工具。

首先，介绍如何使用 ChatGPT 进行客户服务的规划和管理。企业可以设置客户服务的目标和期限，并向 ChatGPT 提供这些信息，它将帮助企业制定一个合理的服务计划，提供优化建议，以确保能够有效地达到服务目标。

其次，讨论如何利用 ChatGPT 进行客户问题的解答和指导。当客户在使用产品或服务过程中遇到问题或需要进一步的解释时，ChatGPT 可以为其提供详细的回答和解释，帮助客户更好地理解和使用产品或服务。

接下来，介绍如何使用 ChatGPT 生成和总结客户服务内容。例如，企业可以与 ChatGPT 进行对话，生成客户服务报告、汇总反馈或创建解决问题的指南，从而帮助企业更好地理解和改进客户服务。

此外，讨论如何利用 ChatGPT 跟踪和反馈客户服务进度。企业可以向 ChatGPT 报告服务进度和成果，它可以提供改进建议，同时检查服务过程中可能存在的问题并提供解决方案。

现在开始一次关于如何利用 ChatGPT 优化客户服务过程的实际操作演示。

首先，将展示如何使用 ChatGPT 进行客户服务的规划和管理。要充分了解 ChatGPT 有非常强大的辅助功能，因此，在进行客户服务的规划和管理上，有自己企业计划的情况下，可以直接向 ChatGPT 提问我们应当怎么做。如：

+⚡ Model: GPT-4

JU 你好GPT，我们的目标是在接下来的三个月里，将客户满意度提高到90%以上。请问有什么计划吗？

您好，我很高兴能帮助您达成这个目标。为了在三个月内将客户满意度提高到90%以上，我建议我们遵循以下的步骤：

1. **客户满意度调查**：首先，需要了解目前的客户满意度水平以及影响满意度的因素。可以通过调查问卷、电话访谈或电子邮件等方式收集数据。

2. **数据分析**：将收集到的数据进行分析，找出影响客户满意度的关键因素。例如，可能是产品质量、服务速度、售后服务、价格等方面。
3. **制定改善计划**：根据数据分析的结果，制定针对性的改善计划。这可能包括改进产品、提高服务质量、加强员工培训等措施。
4. **执行并监控改善计划**：按照制定的计划执行，并定期监控结果，如需要，进行调整。
5. **再次进行客户满意度调查**：在执行改善计划一段时间后，再次进行客户满意度调查，以验证改善计划的效果。
6. **持续改进**：根据最新的客户满意度调查结果，不断调整和优化改善计划。

以上步骤需要在整个组织内部进行有效的沟通和协调，确保每个人都明白他们的角色和责任，共同努力提高客户满意度。

其次，假设某位客户对产品有疑惑，也可以直接向 ChatGPT 进行提问。如：

我对这款产品的安装过程感到困惑，可以帮我解答吗？

当然可以，我非常愿意帮助您。然而，为了提供最准确的答案，我需要知道您具体在安装哪款产品。如果您能告诉我产品的名称以及您在安装过程中遇到的具体问题，我将能更好地帮助您。

再次，可以直接通过 ChatGPT 进行生成和总结服务内容，如：

请总结一下今天的客户服务内容。

当然，以下是今天的客户服务概述：

1. 我们共接受了100个客户咨询。
2. 其中，有30个咨询与产品安装有关。根据这些咨询，我们发现产品的安装过程对于一些客户来说可能较复杂，因此，我们提议对现有的安装指南进行全面的更新，以帮助客户更好地理解和执行安装步骤。

3. 25个咨询是关于产品使用的，这可能包括产品功能的问题、操作方法等。

4. 另外，20个咨询是关于退货和退款的，这意味着我们可能需要进一步优化我们的退货和退款政策，以更好地满足客户的需求。

5. 最后，有25个咨询是关于其他问题的。这些问题可能涵盖了各种各样的主题，需要我们更深入地了解并寻找解决方案。

总的来说，今天的客户服务工作集中在处理和解决各种客户咨询，尤其是关于产品安装的问题。通过了解这些问题，我们发现需要更新我们的安装指南，以提高客户的满意度和提升他们的使用体验。同时，我们也在努力优化其他方面的服务，如产品使用、退货退款等，以更好地满足客户的需求。

最后，针对一天的工作，可以向 ChatGPT 进行提问，进而获取跟踪和反馈信息。如：

请结合今天的内容，提供跟踪和反馈信息。

理解了，除了产品安装的反馈之外，我会根据今天的客户服务内容为您提供一些反馈建议：

1. **产品使用**：对于产品使用方面的25个咨询，你们应深入了解这些问题的具体内容，并寻找可能的改进措施。可能需要更新用户手册，或者提供更多的在线教程和培训材料。

2. **退货和退款**：对于这20个咨询，分析退货和退款的主要原因。是产品质量问题、用户期望不符，还是其他原因？理解这些原因后，相应地改进产品或调整策略。

3. **其他问题**：对于这25个其他问题，分析它们的主题和趋势，以找出可能存在的问题或改进的机会。

对于所有的这些反馈和咨询，你们都应该将其视为宝贵的学习资源，以便更好地了解你们的客户，以及如何提高他们的满意度和你们的服务质量。如果可能，你们也可以使用满意度调查或类似的工具，来更直接地获取客户对你们的产品和服务的反馈。

第四章

ChatGPT 大显身手:
让你的功课飞起来

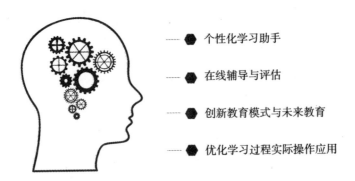

个性化学习助手

在线辅导与评估

创新教育模式与未来教育

优化学习过程实际操作应用

第一节　个性化学习助手

个性化学习是一种根据学生需求和能力进行定制的学习方式，旨在提高学习效果和兴趣。ChatGPT 作为一种先进的人工智能技术，在这方面发挥着重要作用。它可以通过收集学生的学习记录、测试成绩和教师评价等信息来分析学生的学习需求和能力水平，从而帮助学生定制个性化学习计划。

一、兼顾学习内容与难度的个性化推荐

1. 分析学生的学习需求和能力水平

ChatGPT 的先进技术和强大的语言模型，能够帮助其快速且准确地分析学生的学习需求和能力水平。通过收集学生的学习记录、测试成绩和教师评价等信息，ChatGPT 能够深入分析学生的学习兴趣、知识储备、弱势项目及学习方式等方面的信息，帮助教育机构和老师制定出最适合

学生的个性化学习计划。

ChatGPT 还能够针对学生的学习过程，实时监测其学习表现，分析出学生可能遇到的难点和问题，并提供相应的解决方案。这种智能化的学习辅助系统能够帮助学生克服学习中的难点和困难，更好地掌握知识和技能，提高学习效果。同时，通过 ChatGPT 的个性化学习推荐和监测，学生也能够更好地发掘自己的学习潜力和兴趣爱好，增强学习的主动性和积极性。

个性化学习助手的出现，不仅能够提高学生的学习效果，还能够帮助学生和教育机构实现更好的学习目标和效果。在现代社会，学习始终是人们获取知识和技能的必要手段之一，ChatGPT 对学习的应用使得其在教育领域具有非常广阔的发展前景。

2. 推荐合适的学习资源

基于学生的需求和能力水平，ChatGPT 可以通过分析学生的学习数据和教师反馈等信息，为学生推荐适合的学习资源。这些学习资源涵盖了包括语文、数学、英语、科学、历史等多个学科，旨在满足学生在不同学科方面的学习需求。同时，这些学习资源也包含了不同形式的教材、在线课程、习题库等，为学生提供了多样化的学习方式，满足不同学生的学习习惯和兴趣。

ChatGPT 还可以根据学生的学习能力和兴趣，为学生推荐具有挑战性和启发性的学习资源，以促进学生对知识的深入理解和探索。例如，对于一个对数学有着浓厚兴趣的学生，ChatGPT 可以为其推荐一些有趣的数学学习游戏或者数学竞赛等资源，以帮助学生更深入地了解数学知识。

ChatGPT 还可以根据学生的学习进度和表现，动态调整推荐的学习资源，以确保学生始终能够获得最适合自己的学习支持。例如，当一个学生在某个学科的学习进度迅速提升时，ChatGPT 会自动调整推荐内容的难度，为学生提供更具挑战性的学习资源，以满足学生的学习需要。

3.动态调整推荐内容与难度

ChatGPT 的动态调整能力使其能够根据学生的学习进度和表现，实时调整推荐内容和难度，确保学生始终得到最合适的学习支持。如果学生表现出对某个主题的兴趣和理解能力很强，ChatGPT 可以推荐更高级别的学习资源和挑战性更大的习题，以推进学生的学习进度和提高学习成果。相反，如果学生在某个主题上遇到困难，ChatGPT 可以调整推荐内容和难度，以便学生更好地掌握知识。

ChatGPT 可以根据学生的学习节奏，调整推荐的学习内容和难度。如果学生在学习的过程中感到沮丧或者挫败，ChatGPT 可以提供更轻松的学习资源，以减轻学生的负担和增强学习动力。反之，如果学生在学习中表现出超预期的进展，则 ChatGPT 可以相应地提高推荐的学习难度，以鼓励学生继续挑战自我。

ChatGPT 的动态调整能力不仅可以提高学生的学习效果，还可以帮助教师更好地了解学生的学习表现和需求。通过收集和分析学生的学习数据，教师可以更好地了解学生的学习兴趣、能力和进度，以便更好地进行课程设计和教学管理。

二、学习进度与方式的个性化适配

1. 设计个性化学习计划

ChatGPT 会根据学生的学习需求和时间安排，设计最适合学生的学习计划，让学生更轻松地规划自己的学习时间，从而达到更好的学习效果。

不仅如此，ChatGPT 的个性化学习计划还可以激发学生的学习热情和兴趣。在学习计划的制定过程中，ChatGPT 会根据学生的兴趣爱好和学习偏好，设置有趣、实用的学习目标和任务，让学生在学习中感到愉悦和满足。学生们通过 ChatGPT 制定的个性化学习计划，不仅可以帮助学生实现学业目标，还可以获得学习过程中的乐趣和成就感，让学习变得更有意义。

ChatGPT 的个性化学习计划不仅考虑学生的学习需求，还注重学生的身心健康和压力管理。它会给学生制定合理的学习安排，让学生在学习中感到轻松自在。同时，ChatGPT 会根据学生的学习表现和反馈，实时调整学习计划，保证学生一直处于最佳学习状态。

请帮我制定一个学习计划，我每天早上8点去上学，下午5点放学，晚上10点休息。

根据您的时间安排，我为您制定了一个学习计划。请根据您的需求进行调整。

1. 放学后休息 (5:00 PM - 5:30 PM)
   - 刚放学时，给自己一段时间休息和放松。
2. 完成家庭作业 (5:30 PM - 7:00 PM)
   - 集中精力完成当天的家庭作业，根据实际情况调整时间。

3. 晚餐时间 (7:00 PM - 7:30 PM)
  • 享受晚餐，与家人交流，休息一会儿。
4. 英语学习 (7:30 PM - 8:00 PM)
  • 练习英语听、说、读、写技能，或学习新的词汇和语法。
5. 其他科目复习 (8:00 PM - 8:45 PM)
  • 按需复习数学、科学、历史等其他科目。
6. 短暂休息 (8:45 PM - 9:00 PM)
  • 休息一会儿，喝点水、走动一下或参加短暂的娱乐活动。
7. 自主学习与兴趣培养 (9:00 PM - 9:45 PM)
  • 制定一个自主学习计划，例如学习编程、绘画、音乐等，或参与您的兴趣相关的活动。
8. 收拾书包和准备次日用品 (9:45 PM - 10:00 PM)
  • 确保第二天所需的所有物品都已准备好，然后开始休息。

2. 提供多样化学习方式

当学生拥有了个性化的学习计划，就能够更有目的地进行学习，更好地掌握学习进程，从而提高学习效率。因为学习计划是为学生量身定制的，所以学习内容和难度也更能贴近学生的实际情况，避免了学习上的疲惫和无聊，激励学生充分发挥自己的学习潜力。同时，ChatGPT 还会根据学生的学习进度，调整学习计划，确保学生的学习目标得以顺利实现。

在充满竞争的社会中，学生需要不断努力才能保持竞争力，而个性化学习计划就是一个帮助学生实现自身潜力的利器。通过制定个性化学习计划，学生可以更加有计划地安排自己的时间，利用更有效率的学习方式进行学习，提高自己的学习效率，从而在日后的学业和职业中获得更大的成功。ChatGPT 作为一个智能化的学习助手，期望为学生提供个性化的学习环境，让每一个学生都能够充分发挥自己的潜力，成为社会发展所需要的人才。

3. 实时监控学习进度

当学生在学习过程中遇到难题或者需要帮助时，ChatGPT 的实时监控能够及时发现并提供相应的解决方案。例如，当学生在做某个习题时感觉到困难，ChatGPT 可以通过对学生的操作记录进行分析，找出学生的错误或疑惑点，并提供相应的解释和示例。此外，ChatGPT 还可以通过学生的学习记录和表现，预测学生未来可能会遇到的问题和困难，提前进行预警和介入，帮助学生提前解决问题。

ChatGPT 的实时监控还可以帮助学生进行学习进度的管理和调整。通过监控学生的学习进度，ChatGPT 可以及时发现学生的学习效果和进度是否符合预期，为学生提供相应的调整建议和帮助，确保学生始终保持学习的状态和动力。同时，ChatGPT 还可以通过对学生的学习情况进行分析，提供针对性的学习建议和反馈，帮助学生更好地掌握学习进度和方向，取得更好的学习效果。

三、个性化学习效果的评估与反馈

1. 定期评估学习效果

ChatGPT 能够定期评估学生的学习效果，帮助学生了解自己的学习进展和表现。这一功能的重要性在于，通过定期的学习效果评估，学生可以清晰地了解自己的学习成果，从而更好地调整学习方向和方式。

ChatGPT 通过定期组织测验和考试等方式来评估学生的学习效果。

这些测验和考试涵盖知识掌握程度、技能运用能力等多个方面，可以全面了解学生的学习表现。在这一过程中，ChatGPT 可以根据学生的学习进展和表现，为学生提供相应的学习支持和反馈。例如，当学生在某个知识点上遇到困难时，ChatGPT 可以通过解释和示例的方式，帮助学生攻克难关。当学生对某个领域的学习兴趣不高时，ChatGPT 也可以提供更加有趣的学习资源和方式，激发学生的学习热情。

同时，ChatGPT 还可以通过对学生的学习历程进行分析和对比，为学生提供更加精准的学习效果反馈。例如，ChatGPT 可以通过对比学生在不同时间段的学习表现，评估学生的学习成果和成长进步，发现学生的优势和不足。ChatGPT 可以为学生制定更加精细化的学习计划和支持策略，帮助学生更好地实现学习目标。

2. 提供个性化反馈建议

ChatGPT 可以为学生提供个性化的反馈建议，帮助他们针对学习效果进行调整和改进。通过对学生的学习表现进行深入分析，ChatGPT 能够提供有针对性的建议和支持，帮助学生取得更好的学习效果。例如，当发现学生在某个知识点上掌握不足时，ChatGPT 会提供针对性的学习资源和练习题目，以帮助学生加强学习并提高掌握程度。

个性化反馈建议不仅能够帮助学生加强学习，还可以提高学生的学习积极性和兴趣。ChatGPT 可以根据学生的学习兴趣和学习方式，为其提供最合适的学习资源和建议。例如，对语文感兴趣的学生，ChatGPT 可以为其提供与文学相关的阅读材料和作品，以提高其语言表达和阅读能力。对数学感兴趣的学生，ChatGPT 可以为其提供适合其学习水平和兴趣的数学习题和思维训练。

ChatGPT 提供的个性化反馈建议不仅可以提高学生的学习效果，还能够帮助学生形成正确的学习态度和习惯。例如，当学生在学习中遇到挫折和困难时，ChatGPT 可以提供积极的反馈和建议，帮助学生克服困难，树立自信心。通过这种方式，ChatGPT 可以为学生打造良好的学习环境和氛围，鼓励他们持续投入学习中。

3. 调整个性化学习计划

通过实时监测学生的学习进度和效果，ChatGPT 能够及时调整学生的个性化学习计划，以确保他们能够在预期时间内完成学习目标。这不仅能够激发学生的学习兴趣和动力，还能够提高他们的学习效率。

ChatGPT 根据学生的学习表现和反馈，能够发现学生在学习过程中存在的问题和不足，以及可能的改进方案。例如，当学生学习进度超过预期时，ChatGPT 可以为他们提供更具挑战性的学习任务，从而激发他们的学习热情和动力。当学生在某个阶段学习效果不佳时，ChatGPT 可以为他们提供针对性的学习资源和练习题目，以帮助他们加强掌握。

ChatGPT 的个性化学习计划和调整措施，能够为学生提供最优化的学习体验和支持，使学生在短时间内获得更高的学习效益。通过实时调整和优化，ChatGPT 可以让学生在学习过程中保持高度的兴趣和动力，同时提高学生的自学能力和自信心，使他们能够更好地应对各种挑战和困难。

4. 跟踪学习成果与成长进步

通过对学生学习历程的长期跟踪，ChatGPT 可以更加准确地评估学生的学习成果与成长进步。通过分析学生在不同时间段的学习表现，ChatGPT 可以了解学生的优势和不足，从而为学生制定更加精细化的学习计划和支持策略，帮助学生更好地实现学习目标。

ChatGPT 可以通过多种方式跟踪学生的学习成果和进步，例如，定期组织测验和考试，收集学生的作业和报告，以及对学生的在线学习记录进行分析等。这些方式可以帮助 ChatGPT 全面了解学生的学习表现，为学生提供有针对性的学习支持。

当 ChatGPT 发现学生存在学习上的困难时，它会根据学生的学习历程和个性化学习计划，提供相应的支持和建议。例如，学生在某个阶段的学习表现不佳，ChatGPT 可以针对性地为学生提供更多的学习资源和练习题目，以帮助学生加强这一领域的学习。如果学生在某个领域表现优异，ChatGPT 可以为学生提供更高难度的学习任务，以挑战学生的学习潜力。

此外，ChatGPT 还可以通过对学生的学习历程和成果进行可视化分析，为学生提供更加直观的学习反馈。例如，ChatGPT 可以制作学习报告和分析图表，展示学生的学习成果和进步，让学生更加清晰地了解自己的学习表现和发展方向。

第二节　在线辅导与评估

在线辅导与评估是指利用现代科技手段，为学生提供全方位的学习支持和帮助，并对学生的学习效果进行实时评估和反馈。作为现代教育的重要组成部分，在线辅导与评估已经被广泛应用于教育领域，成为提高学生学习效果和提升教育质量的重要手段。

本节将从个性化学习计划与任务安排、在线答疑与作业批改、学习行为与心理的情感支持三个方面，介绍 ChatGPT 如何为学生提供在线辅导与评估服务，以满足学生个性化学习需求，促进学生全面发展。在线辅导与评估过程如图 4-1 所示。

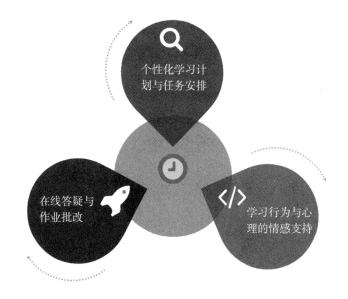

图 4-1　在线辅导与评估过程

一、个性化学习计划与任务安排

1. 学习目标设定

当学生设定了个性化的学习目标后，ChatGPT 可以根据目标内容，制定相应的学习计划和任务分配。这样，学生不仅可以更有针对性地进行学习，还能够更好地管理学习时间，合理安排学习进程，以达到学习目标。ChatGPT 可以将学习目标细化为更小的目标，例如，每周掌握一个知识点或完成一个练习任务等。然后，根据学生的时间安排和学习能力，将这些小目标分配到不同的时间段中，制定出个性化的学习计划。在这个过程中，ChatGPT 会根据学生的学习情况进行动态调整，以确保学习计划的合理性和有效性。

（1）ChatGPT 可以帮助学生设定个性化学习目标

学习目标是学习的起点和方向，具有指导性、明确性和挑战性等特点，是学生学习的重要组成部分。学生在制定学习目标时，需要考虑自己的兴趣、能力、学科需求和学习水平等因素，以便更好地实现自己的学习计划。在这一过程中，ChatGPT 可以作为一种有效的辅助工具，帮助学生设定个性化的学习目标，以便更好地实现个人学习目标。

（2）学习目标的重要性及对学生学习的影响

学习目标的设定对于学生的学习效果和学习动力具有极大的影响。学生设定明确的学习目标可以帮助他们更好地理解学科知识和技能，增强学习动机和自我效能感，从而更加高效地完成学习任务。同时，学习目标的设定也是实现个性化学习的关键步骤，有助于建立个性化学习计划和时间表，让学生更好地掌控自己的学习进度和效果。

ChatGPT 可以通过分析学生的学习需求和个性化特点，为学生提供最适合他们的学习目标设定方案。例如，对于兴趣偏向文学的学生，ChatGPT 可以提供相关的学习目标，如阅读特定作品、掌握文学分析技能等；对于理工科学生，ChatGPT 可以提供实验和编程等任务，以及相应的学习目标，如掌握特定技能、完成相关科研项目等。这些学习目标设定可以根据学生的兴趣和能力水平进行量身定制，让学生更加有动力、更加专注地完成学习任务。

个性化学习计划与学习目标设定密切相关。个性化学习计划需要基于学生的学习目标，以期实现最佳的学习效果。ChatGPT 可以根据学生的学习目标，为他们制定个性化的学习计划，包括任务安排、学习时间分配等方面，以确保学生能够合理地安排自己的学习时间和任务。例如，对于需要长时间阅读和分析的学生，ChatGPT 可以建议他们将时间分配到每天阅读和分析特定的章节和段落，以确保学习效率和效果的最大化。

（3）学习目标与个性化学习计划相结合

ChatGPT 的个性化学习计划不仅仅是一个计划，它更是为学生建立目标意识的过程。在制定个性化学习计划的同时，ChatGPT 会引导学生根据自己的实际情况设定学习目标，并确保这些目标是具体、可行的。这些目标不仅可以激发学生的学习动力，还可以让学生更加清晰地了解自己的学习方向和期望结果。同时，ChatGPT 也会根据学生的实际情况和需求，提供相应的学习资源和支持，以帮助学生实现设定的学习目标。例如，对于想要提高语文阅读能力的学生，ChatGPT 会推荐相关的教材和习题，引导学生建立语文阅读的良好习惯和技巧，提高阅读水平。

在个性化学习计划的实施过程中，ChatGPT 会不断引导学生根据实际学习情况，调整和更新自己的学习目标。学生可以在学习过程中不断回顾和检查自己的学习目标是否符合实际情况，如果需要调整，ChatGPT 会提供相应的指导和支持，确保学生始终朝着正确的方向前进。

ChatGPT 提供的个性化学习计划是建立在学生设定个性化学习目标的基础上的。通过 ChatGPT 的帮助，学生能够更加清晰地了解自己的学习目标，并且为实现这些目标制定适合自己的个性化学习计划。这样，学生就能够更加有针对性地安排自己的学习时间和任务，从而更加高效地完成学习任务。同时，学习目标与个性化学习计划的结合还可以帮助学生更好地评估自己的学习效果，了解自己的学习进展情况。通过定期检查和评估自己的学习目标是否已经达成，学生可以不断调整自己的学习计划，从而更好地实现自己的学习目标。

2. 任务分配与时间管理

任务分配与时间管理是制定个性化学习计划的重要环节。ChatGPT 可以帮助学生分配任务和管理时间，确保他们能够按时完成学习任务。在制定任务分配和时间管理方案时，ChatGPT 会根据学生的学习目标、学习能力和时间安排等方面的因素进行综合考虑，以制定最适合学生的学习计划。

（1）ChatGPT 帮助学生根据学习目标制定任务、分配计划

ChatGPT 可以对学生进行智能在线辅导，根据学生的学习目标，为其提供个性化的学习任务分配计划。学习任务分配计划的制定是一个需要全面考虑多方面因素的复杂过程，而 ChatGPT 正是凭借其强大的计算能力和深度学习算法，为学生提供有效的任务分配计划。

在帮助学生制定任务分配计划时，ChatGPT 会首先对学生的学习目标进行分析，然后将整个学习过程划分为具体的学习任务。这些任务包括阅读、练习、做题等，每个任务都被赋予不同的优先级和时间限制。同时，ChatGPT 还会根据学生的学习能力和时间安排，适当地分配任务的难度和时限，确保学生能够在相应的时间内完成任务，同时压力也不会过大。

ChatGPT 还会通过分析学生的学习历程数据，从而不断优化任务分

配计划，以保证学生能够顺利完成学习任务。这样的个性化学习任务分配计划，可以让学生更好地理解和掌握知识点，提高学习效率，从而更加顺利地实现自己的学习目标。

（2）任务分配计划的制定过程和注意事项

任务分配计划的制定过程需要从多个角度进行综合考虑。首先，ChatGPT 会通过与学生的交流，了解学生的学习目标和需求。其次，ChatGPT 会根据学生的学习能力和时间安排，确定学习任务的难度和完成时间。在任务的分配过程中，ChatGPT 会将任务分为多个小模块，并确定每个模块的重要程度和紧急程度，然后将它们按优先级排序，以便学生可以有针对性地进行任务安排。最后，ChatGPT 会将任务分配计划与学生进行沟通，以确保学生可以理解和接受任务分配计划，同时也能够及时反馈任务完成情况，以便进行调整和优化。

在制定任务分配计划的过程中，ChatGPT 还需要注意一些关键要素。首先，任务的分配和安排必须具有可行性和有效性。任务难度和完成时间必须与学生的学习能力和时间安排相适应，以确保学生能够按时完成任务，同时又不会压力过大。其次，任务的分配和安排必须合理。任务必须根据重要程度和紧急程度进行安排，确保学生能够优先完成重要和紧急的任务，以避免学习时间的浪费。最后，任务分配计划必须及时调整和优化。随着学生学习进度的变化，任务分配计划也需要进行相应的调整和优化，以确保任务的分配和安排仍然符合学生的学习需求和能力水平。

（3）ChatGPT 帮助学生管理学习时间

当学生制定了个性化学习计划和任务分配计划后，ChatGPT 可以帮助学生管理学习时间，以确保他们按时完成任务。首先，ChatGPT 可以根据学生的学习计划，为学生规划学习时间，帮助学生制定合理的学习计划，并且帮助学生根据自身情况逐步调整计划。这些计划包括学习目标、学习任务、学习时间安排等，都是由 ChatGPT 根据学生个人的情况和目标来制定的，可以帮助学生提高学习效率和达到学习目标。

ChatGPT 可以提供学习时间管理工具，如时间表、闹钟等，帮助学生合理安排学习时间。学生可以使用这些工具来记录自己的学习计划和进度，以及提醒自己按时完成学习任务。这些工具不仅可以帮助学生提高时间管理能力，还可以培养学生的自我管理能力。

ChatGPT 可以通过监控学生的学习进度，及时发现学生的学习时间安排出现问题，提醒学生进行调整，保证学习时间的有效利用。例如，如果发现学生在某个学习任务上花费了过多时间，导致其他任务无法按时完成，ChatGPT 会及时提醒学生进行调整，避免影响学习计划的整体进度。

二、在线答疑与作业批改

1. 实时答疑支持

在学习过程中，学生难免会遇到各种问题和困惑，及时得到答疑支持对于他们的学习非常重要。ChatGPT 可以通过实时答疑支持的方式，为学生提供 24 小时不间断的学习帮助。

（1）ChatGPT 提供实时答疑支持

ChatGPT 可以通过在线聊天、视频会议等多种方式，为学生提供实时答疑支持。学生可以通过 ChatGPT 平台与机器人进行交互，向

ChatGPT 提出问题或疑惑，ChatGPT 会立即给予回答或解决方案。ChatGPT 的回答是基于自然语言处理和机器学习技术，具有准确性和实时性。通过实时答疑支持，学生可以在学习过程中及时发现问题，解决问题，避免由于疑惑堆积而影响学习效果。如遇到不认识的字，可以通过 ChatGPT 去解惑。

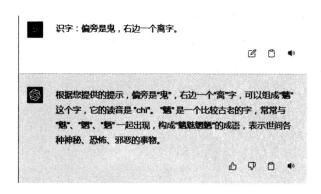

（2）实时答疑支持的作用和意义是什么

学习过程中，学生难免会遇到各种问题和困惑，这时如果能够及时得到答案，就能够更快地解决问题，更快地掌握知识。ChatGPT 提供实时答疑支持，能够为学生提供快速、准确的解答，帮助他们更好地理解学习内容，提高学习效率。

当学生在学习过程中遇到难题，不能及时得到解答和帮助，可能会导致学习兴趣下降，自信心受到挫折。而通过 ChatGPT 提供的实时答疑支持，学生能够更快地解决问题，提高学习效率，从而增强学习兴趣和自信心，更有动力去面对学习中的挑战。

学生在学习过程中遇到的问题和困惑往往是具有个性化特点的，这需要针对性的解答和帮助。通过 ChatGPT 提供的实时答疑支持，学生可以获得个性化的学习帮助，帮助他们更好地掌握知识，解决难题，更好地实现学习目标。

实时答疑支持能够让学生及时解决问题，这样他们就能够更快地进步，掌握更多的知识和技能。这样不仅能够增强学生的学习信心，还能够提高学生的学习能力，为未来的学习和职业发展打下坚实的基础。

（3）ChatGPT 实时答疑支持的优势

ChatGPT 实时答疑能够快速地为用户提供回答，不受时间和地点限制，用户可以在任何时候、任何地点获得帮助。这种实时性可以极大地提升用户满意度，也能够减轻客服人员的工作负担，提高工作效率。由于 ChatGPT 实时答疑系统基于人工智能技术，其对语义的理解和处理能力较为先进，能够更加准确地理解用户的问题，并给出相应的答案。与传统的搜索引擎相比，ChatGPT 实时答疑能够直接回答用户问题，而不是返回一大堆相关信息，这种直接性和精准性可以提高用户的使用体验。

ChatGPT 实时答疑系统能够随着数据的不断积累和模型的不断优化，不断提高其回答问题的准确度和速度。同时，系统还可以定制化开发，根据不同企业和行业的需求进行功能定制和界面设计，具有很强的可扩展性。其所提供的实时答疑系统，可以对用户提问的历史数据进行可视化分析，将用户的需求和热点问题呈现在一个直观的图表中，这样可以为企业提供更加精准的市场分析和用户需求分析，从而为企业决策提供更有力的支持。

ChatGPT 实时答疑系统可以全天候 24 小时不间断地为用户提供服务，这种服务模式可以极大地提高用户的满意度，同时也可以降低企业的人工成本。

2. 作业提交与批改反馈

作业是学生巩固和应用学习成果的重要方式，而作业的提交和批改也是学习过程中不可或缺的环节。ChatGPT 可以通过在线作业提交和批改反馈的方式，为学生提供更加便捷和个性化的学习支持。

（1）ChatGPT 支持学生提交作业

ChatGPT 的在线作业提交功能为学生提供了更加便捷和灵活的学习方式。学生可以通过上传文档、图片、音频、视频等多种形式提交作业，不受时间和地点限制，让学习更加自由化和个性化。同时，ChatGPT 可以对学生提交的作业进行格式和内容检查，确保作业的规范性和准确性。这些功能不仅可以减轻学生的压力，提高学习效率，还可以避免作业的漏交和迟交现象的发生，从而确保学生的学习质量和成绩。

在线作业提交功能的实现，需要借助互联网和数字化技术的支持。ChatGPT 可以提供安全、稳定、高效的在线学习平台，为学生和教师提供便捷的交流和互动渠道。学生可以随时随地登录平台提交作业，教师可以及时查看作业情况并提供批改和反馈。这种在线提交作业的方式不仅提高了学生的学习积极性和主动性，还增强了教师对学生的监督和管理能力，提高了学生的学习效果和学习体验。

（2）ChatGPT 为学生提供作业批改反馈

ChatGPT 为学生提供作业批改反馈的方式多种多样，让学生能够获得快速、准确、个性化的作业反馈。ChatGPT 可以自动化检查学生作业的拼写、语法、标点等基本要素，并提供相关的纠错和建议，帮助学生提高作业的规范性和准确性。通过人工智能技术对学生作业的内容、思路、逻辑等方面进行分析和评估，对学生的作业进行全面的审查，指出作业中存在的问题，提供改进建议和方法。ChatGPT 还可以邀请专业教师对学生的作业进行批改和评估，从专业角度提供学术方面的建议和反馈。

与传统作业批改相比，ChatGPT 的作业批改反馈具有多种优势。ChatGPT 能够实现快速、自动化批改，节省教师和学生的时间和精力。ChatGPT 的批改反馈可以针对学生的具体情况，提供个性化的建议和反馈，帮助学生更好地理解和掌握知识。ChatGPT 可以根据学生的作业反馈，制定个性化的学习计划和支持策略，从而进一步提高学生的学习效果和成绩。

（3）作业提交与批改反馈的作用和意义

作业提交与批改反馈是学习过程中不可或缺的重要环节，有助于学生巩固所学知识、提高学习成绩和能力，同时也能够帮助学生更好地理解学习内容、发现自己的不足和错误。作业提交可以帮助学生在学习之余，通过完成作业来巩固和应用所学知识，同时也能够让学生在实践中发现问题和解决问题，从而更加深入地理解学习内容，提高自己的学习效果和学习能力。

作业批改反馈是作业提交的必然延伸。学生提交作业后，ChatGPT 会根据作业的内容和要求，进行自动化检查和评估，提供相应的批改和建议。同时，ChatGPT 还会邀请专业教师团队进行人工批改和评估，以提供更加准确、全面和个性化的批改反馈。通过作业批改反馈，学生可以了解自己的不足和错误，及时得到纠正和提高，从而更好地掌握学习内容，提高学习效果和学习能力。

作业提交与批改反馈的作用和意义在于，不仅可以帮助学生更好地理解和掌握学习内容，同时也可以让学生不断进步和提高自己的学习能力，提高自己的自信心和学习动力。通过作业提交与批改反馈，学生可以不断发现自己的不足和错误，并得到纠正和提高，从而实现全面发展和成长。同时，作业提交与批改反馈也有助于教师更好地了解学生的学习情况和水平，为后续教学提供更加有针对性的支持和帮助。

三、学习行为与心理的情感支持

学习行为与心理的情感支持是指帮助学生克服学习过程中产生的心理障碍，激发学生的学习动力和保持学习的积极性。ChatGPT 可以通过多种方式来支持学生的学习行为和心理，以提高学生的学习效果和体验。

1. 情感识别与关怀

情感识别与关怀是指 ChatGPT 通过人工智能技术，识别学生学习过程中的情感状态，如焦虑、恐慌、担忧等，并为学生提供相应的关怀和支持。

（1）ChatGPT 识别学生情感状态

ChatGPT 可以通过多种技术手段识别学生的情感状态，从而为学生提供个性化的情感支持。在识别学生情感状态方面，ChatGPT 采用了多种人工智能技术，包括语音识别、自然语言处理和机器学习等。通过这些技术的应用，ChatGPT 可以从学生的语音、文字和表情等信息中获取情感信息，并进行情感状态的识别。ChatGPT 可以通过语音识别技术获取学生的语音信息，对语音进行转化和分析，提取其中的情感信息。同时，ChatGPT 也可以通过自然语言处理技术对学生的文字信息进行分析和处理，以获取学生的情感状态。除此之外，ChatGPT 还可以通过机器学习等技术对学生的学习行为和学习成果进行分析和评估，以推断学生的情感状态。

ChatGPT 的情感识别功能可以帮助学生更好地了解自己的情感状态，并及时提供相应的情感支持。例如，当学生的情感状态出现负面情绪时，ChatGPT 可以及时识别并提供相应的情感关怀支持，如安抚、鼓励、支持等。同时，ChatGPT 还可以根据学生的情感状态，调整学习计划和学习内容，以提高学生的学习效果和成绩。

（2）ChatGPT 为学生提供情感关怀支持

ChatGPT 可以为学生提供情感关怀支持，让学生在学习过程中感受到更多的关怀和支持。ChatGPT 会不断监测学生的学习行为和学习成果，以帮助识别学生的情感状态。当 ChatGPT 发现学生处于焦虑、压力等情感状态时，可以通过在线聊天、语音通话、视频会议等方式与学生进行沟通和交流。ChatGPT 会耐心倾听学生的需求和困难，并提供个性化的情感支持和建议，以帮助学生缓解情感压力和解决学习问题。

ChatGPT 还可以根据学生的情感状态，向学生推荐相应的学习资源和学习方法。例如，当学生处于焦虑状态时，ChatGPT 可以向学生推荐放松身心的方法，如冥想、呼吸练习等。当学生处于担忧状态时，ChatGPT 可以向学生推荐提高学习效果的方法，如制定学习计划、寻找学习伙伴等。这些建议和方法可以帮助学生缓解压力和提高学习效果。

ChatGPT 还可以邀请专业的情感辅导师和心理咨询师，为学生提供更加专业和有效的情感支持和帮助。这些专业人士可以针对学生的具体情感问题，提供个性化的情感支持和治疗方案，帮助学生更好地应对情感问题，保持心理健康。

以小学生为例，ChatGPT 可以为小学生提供情感支持和建议，如面对学习压力、人际关系、家庭问题等情感问题时，应该如何应对。ChatGPT 可以为小学生提供一些有效的情感应对策略，包括放松技巧、自我调节方法等，帮助他们更好地处理情感问题。对于小学生来说，ChatGPT 的情感关怀可以帮助他们更好地了解自己的情感状态和需求，提高情感意识和情商。对于教师和家长来说，ChatGPT 的情感关怀可以帮助他们更好地了解小学生的情感状态和需求，进而提高教育质量和效果。

（3）情感识别与关怀的作用和意义

情感识别与关怀作为在线辅导和教育的重要手段，可以为学生提供更加人性化和个性化的学习支持和帮助。情感识别和关怀可以帮助学生克服学习过程中的情感困扰和障碍，如焦虑、压力、担忧等。当学生感到无助和挫败时，情感识别和关怀可以为学生提供情感支持和鼓励，帮助他们克服困难和挑战，提高学习成效和幸福感。

情感识别和关怀可以帮助学生建立积极的学习动机和心态，保持学习的兴趣和动力。当学生遇到学习难题或挫折时，情感识别和关怀可以为学生提供积极的情感引导和激励，帮助他们克服挑战，保持学习热情和自信心。

情感识别和关怀还可以为学生提供更加个性化的学习支持和帮助。通过情感识别和关怀，教师和辅导员可以更加了解学生的需求和困难，为学生提供个性化的学习方案和教育资源，实现教育的差异化和个性化，最终提高学生的学习成效和发展潜力。

2. 学习动力激发与保持

学习动力激发与保持是指 ChatGPT 通过多种方式，激发学生的学习动力和保持学习的积极性。

（1）ChatGPT 帮助学生激发学习动力

ChatGPT 可以提供在线教育辅助，其独有的智能交互和个性化服务能够为学生提供全方位的学习支持，ChatGPT 可以为学生提供个性化的学习计划和学习目标，以激发学生的学习兴趣和动力。ChatGPT 可以通过分析学生的学习历史和学习情况，为学生制定适合自己的学习计划和目标，并根据学习进度和反馈进行实时调整。这样可以让学生感到学习有计划和目的，从而增强学生的学习动力和自律能力。

ChatGPT 可以通过推荐学习资源和学习内容，激发学生的好奇心和学习热情。ChatGPT 可以根据学生的兴趣爱好和学习需求，为学生推荐适合自己的学习资源和内容，包括课程、书籍、视频、音频等多种形式。这样可以让学生更加自主地选择学习内容，从而增强学生的学习兴趣和动力。

ChatGPT 可以通过自动化评估和反馈系统，向学生提供及时、准确和个性化的学习反馈，让学生感受到自己的进步和成就。这样可以增强学生的学习动力和自信心，促进学生在学习中持续发挥积极的学习态度和行为。

（2）ChatGPT 帮助学生保持学习动力

ChatGPT 可以提供个性化的学习计划和目标，以帮助学生保持学习动力。学习计划和目标应该是具体、可行的，符合学生的实际情况和需求。ChatGPT 可以根据学生的学习情况和偏好，制定个性化的学习计划和目标，并及时跟进和调整，以帮助学生保持学习动力和热情。

此外，ChatGPT 还可以提供丰富多彩的学习内容和资源，以增加学生的学习兴趣和动力。学习内容和资源应该是具有趣味性、挑战性和实用性的，能够激发学生的好奇心和求知欲。ChatGPT 可以根据学生的学习需求和兴趣，推荐合适的学习资源和内容，如游戏化学习、视频学习、虚拟实验等，以增强学生的学习动力和兴趣。

ChatGPT 还可以通过在线交流和互动，建立学习社群和学习支持体系，提高学生的学习参与度和归属感。ChatGPT 可以为学生提供在线讨论和互动功能，鼓励学生之间相互交流和分享，以促进学生之间的相互学习和支持。

ChatGPT 还可以通过学习成果和学习反馈，为学生提供肯定和鼓励，保持学生的学习动力和自信心。学习成果和学习反馈可以帮助学生了解自己的学习进展和成果，及时纠正错误和不足。ChatGPT 可以为学生提供在线作业提交和批改反馈功能，及时为学生提供学习反馈和建议，帮助学生进一步提高成绩。

（3）学习动力激发与保持的作用和意义

学习动力激发与保持的作用是多方面的。第一，它可以提高学生的学习效果和成绩。学生在保持学习动力的同时，也可以在学习过程中获得更好的体验和成果。第二，它可以帮助学生全面发展和成长。学生的学习过程不仅是知识和技能的获取，还涉及心理、社交和情感方面的发展。学习动力激发与保持可以帮助学生在不同层面上进行全面的发展和提高。第三，它可以提高学生的学习意愿和学习能力。学习动力激发与保持可以让学生更加自觉地投入学习，从而提高学习意愿和学习能力。

129

它有助于实现教育公平。在线教育和辅导可以让学生不受时间和空间限制，但是学习动力却可能因为种种原因而下降。ChatGPT 可以帮助在线学习者获取到与传统教育同等的学习机会和体验，从而促进教育公平。学习动力激发与保持有助于实现教育个性化。在线学习者往往拥有不同的学习需求和学习方式，学习动力激发与保持可以帮助在线学习者根据自己的情况，制定个性化的学习计划和学习目标，提高学习效果。学习动力激发与保持有助于实现教育的人性化。在线学习者往往需要更多的情感支持和关怀，因此，学习动力激发与保持可以帮助在线学习者获取到更加人性化的教育体验和服务。

ChatGPT 拥有提供在线辅助学习的功能，可以通过多种方式来帮助学生激发学习动力和保持学习动力，从而促进学生的学习和成长。这些方式包括学习资源推荐、学习计划和目标设定、在线辅导和指导、学习社群建立等。同时，ChatGPT 也可以通过情感识别和关怀等方式，帮助学生克服学习中的情感困扰，保持学习动力和积极性。这些功能的综合作用，可以帮助学生更好地实现自我发展和成长，提高学习效果和成绩，同时也可以提高学生的自我管理和自我认知能力，培养学生的自信心和自律性。

第三节　创新教育模式与未来教育

随着信息技术的发展，虚拟教室和远程教学逐渐成为教育领域的热点和趋势。虚拟教室和远程教学可以为学生提供更加丰富多样的学习资源和学习体验，促进学生的学习效果和学习满意度。在这一过程中，ChatGPT 作为一种智能化的教育辅助工具，具有重要的应用价值和作用。ChatGPT 在创新教育模式的价值如图 4-2 所示。

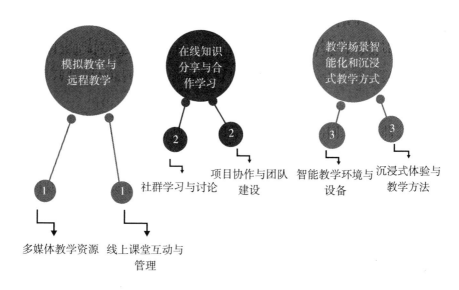

图 4-2 ChatGPT 在创新教育模式的价值

一、虚拟教室与远程教学

1. 多媒体教学资源

多媒体教学资源指的是利用图像、声音、视频等多种媒体形式来传递教学内容的资源。它不仅可以丰富教学内容和形式，提高教学质量和效果，还可以激发学生的学习兴趣和主动性，促进学生的全面发展和成长。

（1）ChatGPT 可以提供多媒体教学资源

作为一个拥有人工智能技术的在线学习辅助工具，ChatGPT 是一种先进的智能化学习资源提供者。多媒体教学资源是 ChatGPT 的一项核心服务，它们可以通过语音合成、图像识别、视频制作和自然语言处理等技术手段来提供这一资源。这些资源可以给学生带来直观、生动和多样化的学习体验，有助于提高学习效率和学习质量。

语音教学资源具有直观、生动、节奏明快等特点，有助于提高学生对知识的理解和记忆。ChatGPT 可以根据学生的学习需要和水平，为他们提供定制化的语音教学资源，让学生在听和说方面得到更好的提升。

图像教学资源具有形象、直观、易于理解等特点，有助于学生快速掌握知识点和关键概念。ChatGPT 可以为学生提供丰富多样的图像教学资源，包括图片、图表等，让学生在视觉上得到更好的帮助。

视频教学资源具有生动、形象、具体等特点，有助于激发学生的兴趣和注意力，提高学生对知识的理解和应用能力。ChatGPT 可以为学生提供高质量、多样化的视频教学资源，让学生在视听上得到更好的学习体验和提升。

文字教学资源具有丰富、深入、系统等特点，可以为学生提供更为全面和深入的学习内容和资料。ChatGPT 可以为学生提供定制化的文字教学资源，包括电子书、文本资料等，让学生在阅读和理解方面得到更好的提升。

（2）多媒体教学资源对学生学习的影响

ChatGPT 还可以与学生进行在线互动和反馈，帮助学生克服学习中的困难和挑战，提高学生的学习成效和学习动力。多媒体教学资源能够通过生动、形象的图像、视频和声音，增加学生的学习兴趣和注意力，提高学生的学习参与度和学习效果。通过多样化的教学形式和方式，满足学生的不同学习需求和学习风格，促进学生的个性化发展和终身学习能力。可以通过在线互动和反馈，及时了解学生的学习情况和反馈，帮助学生克服学习中的困难和挑战，提高学生的学习成效和学习动力。

ChatGPT 作为一种先进的人工智能技术，可以为学生提供多种形式的多媒体教学资源，包括语音课件、图像资料、视频讲解等。通过与学生进行在线互动和交流，ChatGPT 可以了解学生的学习需求和兴趣爱好，并根据学生的学习表现和反馈，及时调整和更新教学资源，提高学生的学习效果和学习动力。综上所述，多媒体教学资源和 ChatGPT 的应用都有助于教育事业的发展和进步，为学生提供更加优质、个性化和多元化的学习体验。

2. 线上课堂互动与管理

（1）ChatGPT 可以提供线上课堂互动与管理支持

ChatGPT 可以为学生和教师提供聊天室、问答社区等实时在线交流平台，方便教师和学生之间进行互动和交流。通过这些平台，学生和教师可以随时交流和分享自己的想法和看法，提高线上课堂的参与度和互动效果。

ChatGPT 还可以利用语音识别和语音合成技术，为教师和学生提供语音交流和互动支持。学生和教师可以利用语音聊天室、语音讨论区等平台，进行实时语音交流和互动，提高线上课堂互动的效率和质量。

ChatGPT 还可以利用智能推荐算法和数据分析技术，为教师和学生提供个性化的学习资源和互动方案。通过分析学生的学习兴趣和学习表现，ChatGPT 可以推荐适合学生的学习资源和互动方案，提高线上课堂的互动性和个性化。

ChatGPT 还可以为教师提供线上教学内容的规划与管理支持。教师可以利用 ChatGPT 提供的教学管理平台，对线上课堂的教学内容和进度进行规划和管理。通过这些平台，教师可以随时了解学生的学习情况，及时调整和优化教学内容和方式，提高线上课堂的教学效果和质量。

（2）ChatGPT 可以帮助教师实现线上教学内容的规划与管理

ChatGPT 可以通过多种方式帮助教师实现线上教学内容的规划与管理。首先，ChatGPT 可以利用自然语言处理技术，为教师提供个性化的教学内容规划和建议。ChatGPT 可以根据教师的教学目标、学生的学习情况和反馈，以及教材和课程内容等方面进行分析和评估，为教师提供科学有效的教学内容规划和建议。

ChatGPT 可以利用智能推荐算法和数据分析技术，为教师提供个性化的教学资源和管理方案。ChatGPT 可以根据教师和学生的需求和兴趣爱好，推荐合适的教学资源和管理方案，并根据教学效果和反馈及时调整和优化教学内容和管理方案，提高线上教学的质量和效率。

ChatGPT 可以利用智能教学管理系统，帮助教师实现线上教学内容的规划和管理。ChatGPT 可以提供在线作业、考试和评估等功能，帮助教师对学生的学习情况进行监控和评估，并及时对学生的学习问题和困难进行反馈和指导，提高学生的学习效果和学习动力。

（3）线上课堂互动与管理的优势

在线教育已经成为未来教育的趋势，而 ChatGPT 作为人工智能技术的代表，可以为线上课堂提供强大的互动和管理支持。首先，ChatGPT 可以为学生和教师提供实时在线交流和互动平台，包括聊天室、问答社区等，方便教师和学生之间进行实时互动和交流，促进学习效果和教学质量的提升。同时，ChatGPT 还可以利用语音识别和语音合成技术，为教师和学生提供语音交流和互动支持，提高线上课堂互动的效率和质量。此外，ChatGPT 还可以利用智能推荐算法和数据分析技术，为教师和学生提供个性化的学习资源和互动方案，根据学生的学习情况和反馈，及时调整和更新教学内容和方法，提高学生的学习效果和学习动力。

除了互动支持，ChatGPT 还可以帮助教师实现线上教学内容的规划和管理，包括课程设计、教学资源管理、学生作业管理等。ChatGPT 可以为教师提供在线的教学规划和管理工具，使教师能够更好地规划和管理线上课堂教学内容，提高教学质量和效率。同时，ChatGPT 还具有强大的智能分析功能，可以通过数据分析和智能推荐等技术，对学生的学习行为和学习成果进行分析和评估，为教师提供数据支持和反馈，帮助教师更好地掌握学生的学习情况和反馈，及时调整和优化教学策略和方法。

二、在线知识分享与合作学习

1. 社群学习与讨论

社群学习与讨论是指一种基于社交媒体和网络平台的学习方式，通过建立学习社区、分享学习资源和经验，促进学生之间的互动和合作学习。社群学习和讨论是一种高度互动和开放的学习方式，可以提高学生的学习参与度和学习效果。

（1）ChatGPT 提供社群学习与讨论支持

ChatGPT 可以为学生和教师提供在线社交媒体和网络平台，以便学生和教师之间进行实时交流和互动。例如，学生和教师可以通过微信群、QQ 群、微博和论坛等平台来分享知识和信息，共同探讨课程相关话题和问题，促进学生的学习和思考。这种在线社交媒体和网络平台可以帮助学生更好地理解和掌握课程内容，同时也可以帮助教师更好地了解学生的学习情况，提高教学质量和效率。

ChatGPT 可以利用自然语言处理技术和数据分析技术，为学生提供个性化的学习资源和互动方案，提高社群学习和讨论的效率和质量。ChatGPT 可以根据学生的学习需求和兴趣爱好，推荐适合学生的学习资源和讨论话题，以此来促进学生的学习兴趣和动力，提高学生的学习效果。同时，ChatGPT 还可以利用数据分析技术，了解学生的学习行为和学习成果，从而更好地提供学习支持和反馈，帮助学生更好地掌握课程内容和思考问题。

（2）社群学习与讨论对于学生学习的影响

社群学习和讨论能够激发学生的学习兴趣和动力，提高学生的学习积极性和主动性。通过社群学习和讨论，学生可以互相分享学习经验和知识，共同解决学习难题，增强学生的学习信心。此外，社群学习和讨论还能够通过多样化的教学方式和资源，满足学生的不同学习需求和学习风格，促进学生的个性化发展和终身学习能力。

2. 项目协作与团队建设

项目协作与团队建设是指在学习、研究或工作中，通过合作共同完成某个任务或达成某个目标的过程。在团队中，成员们通过共同努力，发挥各自的优势，实现共同的目标，提高团队的效率和成果。

（1）ChatGPT 提供项目协作与团队建设支持

ChatGPT 可以为团队成员提供在线协作平台，包括项目管理工具、协同编辑工具等，方便团队成员之间进行在线协作和沟通。ChatGPT 支持多人在线协同编辑，可以实时记录每个成员对项目的修改，方便团队成员对项目进行管理和追踪。此外，ChatGPT 还提供在线即时通信功能，可以让团队成员实时沟通，减少沟通成本，提高沟通效率。

ChatGPT 可以利用自然语言处理技术和智能推荐算法，为团队成员提供个性化的任务分配和进度管理方案，提高项目协作的效率和质量。ChatGPT 可以根据团队成员的技能、经验和兴趣等因素，制定个性化的任务分配方案，最大限度地发挥每个成员的优势，提高项目的完成效率。同时，ChatGPT 还可以根据任务进度、成员反馈等因素，智能推荐下一步的任务安排和时间表，帮助团队成员更好地规划项目进展。

ChatGPT 还可以利用数据分析技术，为团队成员提供项目分析和反馈，帮助团队成员更好地掌握项目进展和优化协作策略。ChatGPT 可以对项目的进度、成员的工作质量、任务完成率等数据进行分析，从而找出问题所在，帮助团队成员及时调整和优化协作策略，提高项目的完成质量。

（2）项目协作与团队建设对学生学习的影响

ChatGPT 的应用可以进一步提高团队协作和项目建设的效率和质量，促进学生间的知识分享和技能培养，帮助学生更好地挖掘自身的创新潜力和创造力，从而实现更高水平的项目协作和团队建设。通过在线协作平台、实时交流和反馈、智能数据分析等方式，ChatGPT 可以为学生和教师提供实时解决问题和危机管理支持，提高团队成员之间的协作和沟通能力，从而更好地应对团队协作和项目建设中出现的问题和挑战。

三、教学场景智能化和沉浸式教学方式

1.智能教学环境与设备

智能教学环境与设备是指基于人工智能技术和物联网技术，将教学场景与设备互联互通，形成智能化的教学环境，实现教学过程的数字化、智能化和个性化。智能教学环境和设备包括教学平台、智能白板、VR/AR 设备、语音识别设备、智能化课桌椅等。

（1）ChatGPT 可以实现智能教学环境与设备的支持

ChatGPT 可以通过多种方式实现智能教学环境与设备的支持。ChatGPT 可以利用自然语言处理技术和智能推荐算法，为教师和学生提供个性化的教学资源和教学方案。通过对学生的学习行为、兴趣爱好、学习能力等多维度数据的分析，ChatGPT 可以为学生推荐适合其学习需求和水平的学习资源，同时为教师提供个性化的教学方案和反馈，提高教学效果和质量。

ChatGPT 可以利用数据分析技术，对学生的学习行为和学习成果进行分析和评估，为教师提供数据支持和反馈，帮助教师更好地掌握学生的学习情况和反馈。通过分析学生的学习行为，教师可以更好地了解学生的学习兴趣和学习状态，及时调整和优化教学方案和方法，提高学生的学习效果和学习动力。

ChatGPT 还可以利用物联网技术和智能推荐算法，实现教学场景和

设备的互联互通。通过将教学场景和设备与智能化技术相连接，教师可以更好地控制和管理教学场景和设备，提高教学效率和质量。同时，学生也可以更好地使用教学设备和资源，提高学习效果和学习体验。

（2）智能教学环境与设备对于学生学习的影响

随着 ChatGPT 的应用，智能教学环境与设备的影响可以进一步增强。ChatGPT 可以利用自然语言处理技术、数据分析技术和智能推荐算法等技术，为教学场景和设备提供智能化支持，帮助教师和学生更好地管理教学资源、制定教学计划、评估学生学习进度和质量等。同时，ChatGPT 还可以根据学生的个性化需求和学习特点，为学生提供定制化的学习资源和学习方案，提高学生的学习兴趣和动力，促进学生的个性化学习和终身学习能力。此外，ChatGPT 还可以利用数据分析和人工智能技术，对学生的学习行为和学习成果进行分析和评估，为教师提供数据支持和反馈，帮助教师更好地完成其教学任务。

2. 沉浸式体验与教学方法

沉浸式体验是指通过先进的技术手段，如虚拟现实、增强现实等，让人们在感官上全面融入一个虚拟的或者半真实的场景中，使人们感觉身临其境，沉浸其中。沉浸式教学方法则是通过这种技术手段，为学生提供更加生动、直观、参与性强的学习体验，让学生更好地理解和掌握知识。

（1）通过 ChatGPT 的应用实现沉浸式体验与教学方法的提升

首先，ChatGPT 可以利用虚拟现实和增强现实技术，为学生提供全新的学习体验。通过虚拟现实技术，学生可以在虚拟环境中进行学习，比如学习历史、地理等学科，可以实现穿越时空的效果，更加直观地感受到历史的变迁和地理的变化。通过增强现实技术，学生可以在现实场景中获得更多的信息和知识，比如通过扫描二维码获得与景点相关的历史、文化等知识，从而增强学生的学习体验和效果。

其次，ChatGPT 可以利用大数据和智能推荐算法，为学生提供个性化的学习体验。通过分析学生的学习行为和学习习惯，ChatGPT 可以根据学生的个性化需求和兴趣爱好，为学生推荐相应的学习内容和学习方式，让学生更好地沉浸在学习中，提高学习效果。

最后，ChatGPT 可以利用自然语言处理技术，为学生提供更加直观、生动、易懂的学习体验。通过语音识别、语音合成等技术，ChatGPT 可以让学生与机器进行语音交互，更加直观地理解和掌握知识，提高学习效果。

（2）沉浸式体验与教学方法对于学生学习的影响

ChatGPT 可以为教师和学生提供智能化和个性化的沉浸式教学资源，帮助学生更好地体验和掌握知识和技能，从而提高学生的学习效果和学习质量。

第四节　优化学习过程实际操作应用

本节将深入探讨利用 ChatGPT 来优化学习过程。ChatGPT 作为一个大型的语言模型，可以成为学生的个性化学习助手，为其学习提供各种支持和实用工具。

首先，使用 ChatGPT 进行学习计划的制订和管理。学生可以向 ChatGPT 输入学习目标和时间限制，它将帮助学生制订一个合理的学习计划，并提供学习资源和建议，以确保学生能够高效地达成目标。

其次，利用 ChatGPT 进行知识检索。当学生在学习过程中遇到问题或需要进一步的解释时，可以向 ChatGPT 输入想要查询的内容和问题，ChatGPT 可以为其提供详细的解答和解释，帮助学生更好地理解和掌握知识。

再次，使用 ChatGPT 进行学习内容的生成和总结。学生可以与 ChatGPT 进行对话，让其生成学习笔记、总结文章或思维导图，这可以帮助学生更好地整理和理解学习内容。

最后，利用 ChatGPT 进行学习进度的跟踪和反馈。学生可以向 ChatGPT 提供学习进度和成果，其可以为学生提供鼓励和建议，同时检查学习中可能存在的问题并提供解决方案。

以下是关于利用 ChatGPT 优化学习过程的实际操作演示。

第一，向 ChatGPT 输入学习目标和具体要求。

> 你好，ChatGPT！我正在准备一门考试，但时间紧迫。我想制定一个高效的学习计划，请帮助我安排学习时间和任务。

> 你好！我很乐意帮助你制定学习计划。请告诉我你的考试日期和你希望达到的学习目标。

第二，告诉 ChatGPT 具体的考试日期和学习目标。ChatGPT 会反馈详细的计划，如：

> 我的考试日期是下个月的第二个星期五，我希望能够掌握课程的重点知识，并进行一些练习题。

明白了。考虑到时间限制和学习目标，我建议你将学习时间分为两个阶段。第一个阶段是理解重点知识，你可以每天花2-3小时进行系统的阅读和笔记记录。第二个阶段是练习题的解答，你可以每天安排1-2小时进行练习。这样，你可以在考试前逐渐掌握重点知识并提高解题能力。

以下是一个示例学习计划：

· 周一至周三：阅读和理解课程的核心概念，同时记录重要笔记。
· 周四：进行练习题的初步尝试，并标记自己的薄弱点。
· 周五至周日：针对薄弱点进行深入学习，并解答更多的练习题。

你可以根据自己的时间安排和学习进度进行调整。同时，不要忘记合理安排休息时间，以保持学习的效率和健康。

祝你考试顺利！如果你有任何其他问题或需要更多的帮助，请随时告诉我。

第三，此时可以询问 ChatGPT 详细具体的学习任务。如：

听起来不错！那你能帮我列出每天的学习任务吗？

当然。以下是一个示例的每日学习任务：

· 周一：
  · 2小时：阅读第一章的核心概念，理解主要概念和定义。
  · 1小时：记录重要笔记，包括关键术语、公式和示例。
· 周二：
  · 2小时：阅读第二章的核心概念，理解关键理论和原理。
  · 1小时：记录笔记，强调重要的概念和相关实例。
· 周三：
  · 2小时：阅读第三章的核心概念，理解实际应用和问题解决方法。
  · 1小时：记录笔记，整理出重要的步骤和技巧。
· 周四：
  · 1小时：尝试解答一组练习题，评估自己的掌握程度。
  · 1小时：检查和纠正解答中的错误，并标记薄弱点。
· 周五：
  · 2小时：深入学习之前标记的薄弱点，查阅相关资料并进行复习。
  · 1小时：解答更多的练习题，重点练习之前容易出错的类型。
· 周六：
  · 2小时：继续学习之前的薄弱点，并进行实例演练和应用练习。
  · 1小时：解答更多的练习题，尽量涵盖不同难度和题型。

- 周日：
  - 2小时：复习全章节的核心知识点和重点概念。
  - 1小时：解答模拟试卷或过去的考试题目，检验自己的准备程度。

第四，可以详细说出自己的问题。ChatGPT 可以详细解答。

谢谢你的建议！接下来，我有一些具体的问题想请教。

当然，请告诉我你的问题，我会尽力为你提供帮助和解答。

第五章

探秘 ChatGPT：医疗与健康领域的革命性突破

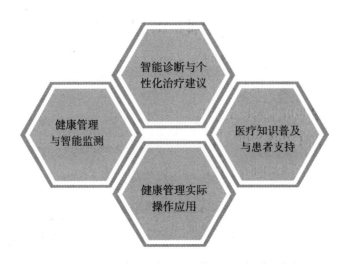

第一节　智能诊断与个性化治疗建议

ChatGPT 对智能诊断与个性化治疗建议有着很强的推动作用。ChatGPT 对个性化治疗的建议如图 5-1 所示。

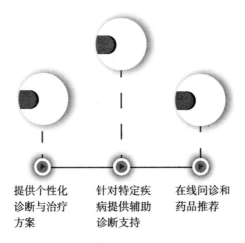

图 5-1　ChatGPT 对个性化治疗的建议

一、提供个性化诊断与治疗方案

1. 利用医疗数据进行深度学习

随着医疗大数据的快速发展，越来越多的患者病历、检查结果、药物疗效等信息被整合到数据库中。这些海量的医疗数据蕴含着丰富的医学知识和经验，但是由于数据量庞大、质量不一、格式不统一等问题，医生很难直接从这些数据中获取有效的信息。

利用深度学习技术，可以解决这些现实的问题。深度学习技术可以帮助医生从这些海量数据中捕捉隐藏的模式和关联，更好地了解患者的病情。ChatGPT 作为一种强大的自然语言处理模型，可以对文本数据进行理解和处理，并能够自动提取潜在的关联和规律。利用深度学习技术进行训练时，模型会学习到各种病症的特征、潜在诊断以及相应的治疗方法，为后续的个性化诊断与治疗方案提供解决思路。

具体来说，首先需要对医疗数据进行预处理和特征提取，以便更好地输入到深度学习模型中。例如，医生可以使用自然语言处理技术将患者的病历转化为数值化的特征，使用图像处理技术提取影像学检查结果的有用特征，使用统计分析技术计算各种药物的有效性和副作用等。

其次，可以使用各种深度学习算法来训练和优化模型。在训练过程中，ChatGPT 可以学习到各种病症的特征、潜在诊断以及相应的治疗方法。例如，对于某个疾病，ChatGPT 可以自动识别与之相关的病症和症状，从而更好地帮助医生进行诊断。同时，ChatGPT 还可以根据患者的具体情况，推荐最合适的治疗方案。

2. 患者病史分析与模式识别

随着多媒体技术的发展，很多病例数据已经被记录在了电子病历中，这些电子病历中包含了大量的文本信息。ChatGPT 可以通过自然语言处理技术，自动分析患者的病历和病史记录，提取出关键的症状、体征、诊断、治疗方案等信息，从而更好地理解患者的病情。

具体来说，ChatGPT 可以使用诸如词向量、词频、句法结构等自然语言处理技术对电子病历文本进行预处理和分析。然后，ChatGPT 可以使用深度学习模型对处理后的文本数据进行建模和训练。在训练过程中，ChatGPT 可以学习到各种病症的特征、潜在诊断以及相应的治疗方法，为后续的个性化诊断与治疗方案提供基础。

在患者病史模式识别方面，ChatGPT 可以使用深度学习模型学习到不同疾病的特征和模式。例如，对于某种疾病，ChatGPT 可以自动识别与之相关的症状和体征，从而辅助医生进行诊断。同时，ChatGPT 还可以根据患者的具体情况，推荐最合适的治疗方案，如推荐药物的类型、剂量、疗程等信息。

3. 为医生提供可能的诊断结果和治疗选项

ChatGPT 可以通过深度学习模型学习到不同疾病之间的关联和相似性，辅助医生进行诊断和治疗决策。具体来说，ChatGPT 可以根据患者的症状、体征、病史等信息，自动推荐可能的诊断结果和治疗选项。

在诊断方面，ChatGPT 可以使用深度学习模型学习到不同疾病之间的特征和关联，从而对患者的症状和体征进行识别和分析，并根据学习到的知识推荐可能的诊断结果。

在治疗方面，ChatGPT 可以根据患者的具体情况，推荐最合适的治疗方案。具体来说，ChatGPT 可以利用深度学习模型学习到不同药物之间的特征和模式，从而根据患者的症状、体征、病史等信息，自动推荐最适合的药物类型、剂量、疗程等治疗方案。

需要注意的是，ChatGPT 提供的诊断结果和治疗选项仅供医生参考，最终的诊断和治疗方案还需要结合医生的临床经验和专业知识进行综合评估和决策。因此，ChatGPT 提供的诊断结果和治疗选项应该被视为医疗决策的参考之一，而不是取代医生的判断和决策。

4. 随访与调整治疗计划

随访和调整治疗计划是患者管理中的重要环节，可以帮助医生及时了解患者的病情变化和治疗效果，及时进行调整和优化治疗方案，提高治疗效果和患者的生命质量。ChatGPT 在随访和调整治疗计划方面的应用，可以为医生提供更加精准的诊疗建议，提高医疗质量和效率。

ChatGPT 可以通过深度学习模型学习到患者的病情和治疗方案之间的关联和相互作用，从而自动识别出可能存在的治疗问题和潜在的风险。例如，当患者的生理指标出现异常，如血糖升高、血压升高等，ChatGPT 可以自动提醒医生进行随访和调整治疗方案，避免因疾病未能得到及时控制而导致不良后果。

在调整治疗计划方面，ChatGPT 可以通过深度学习模型学习到不同治疗方案之间的特征和模式，根据患者的具体情况，推荐最适合的治疗方案。例如，当患者的症状和体征发生变化时，ChatGPT 可以自动识别出可能存在的问题，提供最合适的治疗方案。同时，ChatGPT 还可以对已有的治疗方案进行优化和调整，帮助医生更好地管理患者的病情，提高治疗效果。

二、针对特定疾病提供辅助诊断支持

1. 收集疾病相关数据和研究资料

在收集疾病相关数据和研究资料方面，ChatGPT 可以利用自然语言处理技术和知识图谱等方法，从各种医学文献、疾病数据库、临床数据等多个来源收集、整合和分析疾病相关数据和研究资料，从而更好地理解疾病的本质和发病机制。

当医生面对大量疾病信息和临床数据时，往往需要花费大量的时间和精力才能准确诊断病情、制定合理的治疗方案。这时，ChatGPT 作为一种人工智能技术，可以快速、准确地提取和整合疾病相关的信息和数据，帮助医生更好地理解疾病的特征和规律，从而作出更好的决策。

举个例子，当一个病人出现肺结节时，医生可能需要通过一系列检查和测试来确定病因和病情的严重程度。在这个过程中，ChatGPT 可以自动分析并整合病人的病史、影像数据和实验室检查结果等信息，识别出与该疾病相关的特征和模式。

除了帮助医生进行诊断和治疗决策，ChatGPT 还可以通过自动挖掘和整合医学文献和数据库中的信息，帮助医生更好地了解各种疾病的发展和演变过程，以及治疗方案和预后评估等方面的信息。例如，当医生面对某种罕见病例时，ChatGPT 可以从海量文献和数据库中提取和整合相关信息，帮助医生更好地理解疾病的特点和规律，从而更好地制定治疗方案。

2. 疾病诊断模型的构建与训练

在疾病诊断方面，利用 ChatGPT 可以细化其流程，进而达到诊断的细致化：

（1）数据收集

收集与疾病相关的各种数据，包括病史、症状、影像、实验室检查结果等。

（2）数据清洗和标注

对收集的数据进行筛选和标注，以确保数据的准确性和可用性。例如，对影像数据进行分割和标注，提取出与疾病相关的特征和模式。

（3）特征提取和选择

使用 ChatGPT 等深度学习技术对数据进行特征提取和选择，以识别出与疾病相关的特征和模式。例如，对影像数据进行卷积神经网络

（CNN）的训练，识别出与疾病相关的特征和模式。

（4）模型训练和优化

使用 ChatGPT 等深度学习技术对模型进行训练和优化，以提高模型的准确性和泛化能力。例如，使用深度学习框架（如 TensorFlow、PyTorch 等）训练和优化模型。

（5）模型测试和评估

使用测试数据集对模型进行测试和评估，以评估模型的准确性和性能。例如，使用交叉验证等技术对模型进行测试和评估。

（6）模型部署和应用

使用 ChatGPT 可以将训练好的模型部署到实际应用场景中，例如，医院的临床诊断系统中，帮助医生更加准确地诊断疾病。

需要注意的是，疾病诊断模型的构建和训练需要大量的数据和计算资源，并且需要高度的专业知识和技能。因此，对于普通用户和非专业人士而言，建议尽可能避免自行构建和训练模型，以免出现误诊等风险。

3. 辅助医生快速识别疾病标志物

ChatGPT 可以应用在辅助医生快速识别疾病标志物的过程中，为医生提供更准确、快速的诊断和治疗方案。例如，在肺部 CT 影像中，可能会出现肺结节的病灶，这些病灶的大小、形状、密度等特征可以作为诊断肺癌的标志物，有助于医生快速诊断和治疗。

在此过程中，ChatGPT 可以利用深度学习算法自动识别肺部 CT 影像中与肺癌相关的病灶标志物，并根据标志物的大小、形状、密度等特征来辅助医生进行快速诊断和治疗。例如，当医生察看一位病人的肺部

CT 影像时，ChatGPT 可以自动识别肺结节的位置和大小，辅助医生进行快速的肺癌诊断和治疗方案的制定。

此外，ChatGPT 还可以在医生快速识别疾病标志物的过程中，通过整合疾病相关的各种数据，如病史、症状、实验室检查结果等，为医生提供更加全面的诊断和治疗方案。例如，当医生需要对一位糖尿病患者进行治疗时，ChatGPT 可以自动整合病人的血糖、胰岛素、甘油三酯等指标的实验室检查结果，识别出与糖尿病相关的标志物，并根据标志物的特征来辅助医生制定治疗方案。

4. 提高诊断的准确性与效率

适时利用 ChatGPT，可以使医生更快速、准确地诊断各种疾病，从而提高诊断的准确性和效率。例如，在进行癌症筛查时，ChatGPT 可以自动分析患者的影像和实验室检查结果，识别与癌症相关的特征，辅助医生进行快速的癌症诊断和治疗方案的制定。其具体流程如下：

（1）数据收集

ChatGPT 可以从医院的电子病历系统、影像系统、实验室信息系统等处收集与疾病相关的各种数据，包括病史、症状、影像、实验室检查结果等。

（2）数据清洗和标注

ChatGPT 可以对收集的数据进行清洗和标注，以确保数据的准确性和可用性。数据清洗可以包括去除噪声、处理缺失数据、统一数据格式等操作。数据标注可以根据医生的专业知识和标准进行，例如，对影像数据进行分割和标注，提取与疾病相关的特征和模式。

（3）数据预处理

ChatGPT 可以将清洗和标注后的数据进行预处理，以便进行模型训练和优化。预处理操作可以包括数据归一化、数据增强等，以增加数据的多样性和泛化能力。

（4）模型设计

ChatGPT 可以根据具体的诊断需求，设计合适的模型结构，包括选择合适的深度学习算法、调整模型的参数等。例如，对基于影像数据的诊断任务，可以使用卷积神经网络（CNN）等算法进行模型设计。

（5）模型训练和优化

使用 ChatGPT 等深度学习技术对模型进行训练和优化，以提高模型的准确性和泛化能力。模型训练可以使用反向传播算法进行，同时可以使用优化算法如梯度下降、自适应优化等进行模型优化。

（6）模型评估和验证

对训练好的模型进行评估和验证，以确保模型的准确性和泛化能力。评估可以使用各种指标如精度、召回率、F1 值等进行，验证可以使用交叉验证等方法进行。

（7）模型部署

将训练好的模型部署到实际的诊断场景中，以进行自动辅助诊断。部署可以包括模型集成、模型压缩等操作，以提高模型的效率和性能。

（8）人机协作

在自动辅助诊断的过程中，ChatGPT 还可以与医生进行人机协作，共同完成诊断和治疗方案的制定。例如，当 ChatGPT 识别出与疾病相关的特征时，可以通过人机交互的方式向医生展示相关的影像和数据，并引导医生进行深入的分析和判断。

三、在线问诊和药品推荐

1. 搭建在线问诊平台与智能客服

搭建在线问诊平台并集成智能客服是一项重要的创新举措。这种新型医疗服务不仅方便快捷，而且可以帮助医生更好地掌握患者的病情，为患者提供更加准确和个性化的治疗方案，从而提高患者的满意度和医疗机构的竞争力。

例如，一家医疗机构使用 ChatGPT 搭建了在线问诊平台，并集成了智能客服。患者可以通过聊天窗口与 ChatGPT 交流，向它提出问题和症状，然后 ChatGPT 可以使用自然语言处理和机器学习算法来识别患者的症状，为患者提供精准和高质量的诊断建议。对于患者来说，这种医疗服务可以帮助他们在任何时候和任何地点获取高效快捷的医疗服务，避免了排队、等待和预约等麻烦。在 ChatGPT 的帮助下，患者可以获得更准确的诊断和治疗建议，同时也可以避免面对面咨询时的尴尬和不适感。对于医生和医疗机构来说，这种医疗服务可以提高医生的工作效率，缩短患者等待时间，为医疗机构带来更多的客户流量和利润。此外，医生可以在 ChatGPT 的协助下更好地了解患者的病情和治疗历史，从而为患者制定更科学的治疗计划。

2. 提供症状评估和初步诊断意见

通过使用自然语言处理和机器学习算法，ChatGPT 可以快速识别和理解患者的症状和问题，然后根据已有的医学知识库和数据进行分析和处理，反馈给患者诊断结果和治疗建议。这种快速、准确的诊断方式，可以大大缩短患者的等待时间，提高医疗效率和质量。ChatGPT 可以根据患者提供的症状和其他相关信息，为患者提供个性化的治疗方案。不同的患者可能需要不同的治疗方式和药物，ChatGPT 可以通过分析患者的病情和治疗历史，提供更加适合患者的治疗建议和方案。这种个性化的治疗方式，可以更好地满足患者的需求和提高治疗效果。

ChatGPT 的病情评估和初步诊断可以帮助医生更好地了解患者的病情和治疗历史，从而提高医疗效率和质量。医生可以更加准确地诊断患者的病情，制定更科学和适合的治疗计划，同时也可以节约更多的时间和人力资源。

举个例子，一位患者在使用 ChatGPT 进行病情评估和初步诊断时，他向 ChatGPT 描述了自己的症状，包括头痛、发热、恶心等。ChatGPT 首先通过自然语言处理和机器学习算法，将这些症状转换成机器可识别的数据，并进行分析和处理。其次，ChatGPT 会根据已有的医学知识库和数据，提供初步的诊断结果，如可能患上流感、病毒性肠胃炎等疾病，并提供一些初步的治疗建议，如休息、补充水分等。在这个过程中，ChatGPT 可以根据已有的医学知识库和数据，提供准确和可靠的诊断和治疗建议，同时也可以根据患者的具体情况和需求，为患者提供个性化的治疗方案。

3. 基于药物知识库的个性化药品推荐

要想实现 ChatGPT 基于药物知识库的个性化药品推荐，就需要建立大规模的药物知识库。药物知识库包括各种药品的成分、用途、剂量、副作用、相互作用等详细信息。这些信息需要由医学专家团队进行整理和归纳，确保准确性和完整性。ChatGPT 可以利用自然语言处理技术，将患者的症状和身体状况转换成机器可识别的数据，并进行分析和处理。然后，ChatGPT 可以根据已有的药物知识库和数据，为患者推荐更加适合的药品和治疗方案。ChatGPT 的药物推荐系统可以利用机器学习算法不断优化和改进，从而提高药品推荐的准确性。ChatGPT 可以通过训练集和测试集对算法不断进行调整和优化，提高算法的可靠性和有效性。

对于患者来说，ChatGPT 基于药物知识库的个性化药品推荐，可以帮助他们更好地了解自己的病情和选择合适的药品和治疗方案。对于医生和医疗机构来说，ChatGPT 基于药物知识库的个性化药品推荐，可以帮助医生更好地了解患者的病情和药品使用历史，为患者制定更加科学和适合的治疗计划。

举个例子，一位患者在使用 ChatGPT 进行个性化药品推荐时，他向 ChatGPT 提供了自己的病情和身体状况，包括症状、年龄、性别等。ChatGPT 通过自然语言处理和机器学习算法，将这些症状和身体状况转换成机器可识别的数据，并进行分析和处理。之后，ChatGPT 会根据已有的药物知识库和数据，为患者推荐了一些可能适合他的药品和治疗方案。这些药品和治疗方案基于患者的具体情况和需求，可以更好地满足患者的需求和提高治疗效果。

4. 提醒患者注意事项与副作用风险

ChatGPT 可以利用自然语言处理技术和机器学习算法，提醒患者有关药品使用注意事项和副作用风险。药品使用不当可能会导致严重的副作用和不良反应，ChatGPT 可以帮助患者更好地了解药品的使用方法和注意事项，从而降低药品使用的风险。

ChatGPT 为患者提供药品使用注意事项和副作用风险的提醒和建议，需要建立一个大规模的药品知识库供其进行筛选。药品知识库包括药品的使用方法、注意事项、副作用风险等信息。这些信息需要由医疗专家和药品研发团队进行整理和归纳，确保准确性和完整性。ChatGPT 可以利用自然语言处理和机器学习技术，对患者的需求和提问进行分析和处理。当患者向 ChatGPT 咨询药品的使用方法和注意事项时，ChatGPT 可以通过语言分析和机器学习技术，识别和分析患者的需求和问题，并为他们提供相应的药品使用建议和注意事项。

此外，ChatGPT 可以为患者提供药品使用注意事项和副作用风险的提醒和建议，如使用药品时需要注意的事项、药品的常见副作用、不良反应等。ChatGPT 可以根据患者的具体情况和药品的特性，为他们提供相应的药品使用建议和注意事项，帮助他们更好地使用药品。

对于患者来说，ChatGPT 的药品使用提醒可以帮助他们更好地了解药品的使用方法和注意事项，从而降低药品使用的风险和副作用。对于医疗机构和药品生产企业来说，ChatGPT 的药品使用提醒可以提高药品使用的质量和效果，促进医疗行业的发展和创新。

例如，在孩童时期，可能出现高热惊厥症状。通过 ChatGPT 可以适当提供一些预防建议，虽然不能成为其准确依据，但是可以作为一些参考，对准父母或者是年轻父母提供一些建议，避免其出现手忙脚乱的情况。

简单介绍高热惊厥的处置办法。

高热惊厥是一种由高热引起的急性病症，常见于婴幼儿和幼儿期，会导致患者和家属的恐慌和不安。以下是高热惊厥的处理办法：

1. 降温

高热惊厥的主要症状是体温升高，因此及时降温可以有效地缓解惊厥的程度和时间。可以采用物理降温、药物降温等方法。常用的退热药物包括扑热息痛、布洛芬等。在使用药物时，需要注意药物的剂量和使用方法，避免过度使用或滥用药物。

2. 镇静和控制惊厥

对于惊厥程度较重或时间较长的患者，可以给予镇静剂和抗惊厥药物。常用的镇静剂和抗惊厥药物包括地西泮、苯巴比妥等。在使用药物时，需要注意药物的剂量和使用方法，避免过度使用或滥用药物。

3. 加强护理和监护

高热惊厥发作时，需要及时进行护理和监护，确保患者的安全和健康。护理和监护措施包括保持呼吸道通畅、保持体位、避免强光和噪音等。同时，家属需要密切关注患者的病情变化，及时向医生汇报情况，并按照医生的指示进行护理和监护。

4. 给予足够的水分和营养

高热惊厥发作时，患者的身体往往处于一种高度代谢状态，需要足够的水分和营养支持。因此，在处理高热惊厥的过程中，需要给予足够的水分和营养，以支持患者的代谢和恢复。

第二节　健康管理与智能监测

一、健康管理系统和健康计划制定

ChatGPT 可以应用自然语言处理和机器学习等技术，对健康数据进行分析和处理，帮助用户制定个性化的健康计划。

1. 健康数据分析

ChatGPT 作为一种先进的自然语言处理和机器学习技术，可以自动收集和整合用户包括生理指标、运动量、睡眠质量、饮食摄入等在内的多项健康数据，并可从多种来源获取数据，如智能手表、健康软件、医疗设备等。

ChatGPT 可以自动收集和整合用户的血压、血糖、心率等生理指标数据，以监测和评估用户的身体状况和健康风险。同时，ChatGPT 可以通过自然语言处理技术，将用户的症状和疾病描述转化为数值化的数据，以更好地分析和处理用户的健康数据。ChatGPT 可以通过智能手表等设备收集用户的运动和睡眠数据，包括运动时间、运动类型、睡眠时长、睡眠深度等，以评估用户的身体状况和健康风险，并提供相应的健康建议和指导。ChatGPT 还可以结合用户的饮食记录和营养摄入情况，评估用户的饮食习惯和健康状况，以帮助用户制定健康的饮食计划和方案，之后其可以对收集到的健康数据进行分析和挖掘，提取有价值的信息。ChatGPT 可以通过分析用户的运动数据和睡眠数据，推断出用户的身体状况和健康风险，预测未来可能出现的健康问题。

2. 健康计划调整与优化

ChatGPT 可以根据用户的健康数据和健康计划执行情况，分析用户的健康状况和健康风险，提出个性化的健康建议和调整方案。例如，当用户的血压、血糖等生理指标异常时，ChatGPT 可以提出相应的健康建议和调整方案，以帮助用户将生理指标控制在健康范围内，从而预防慢性疾病等健康问题。

　　ChatGPT 可以根据用户的健康数据和个人需求，制定个性化的健康计划，包括饮食计划、运动计划、药物治疗计划等。它可以根据用户的身体状况和健康风险，制定相应的健康计划和方案，以实现健康管理的个性化和精准化。例如，当用户患有高血压、糖尿病等慢性疾病时，ChatGPT 可以制定相应的饮食计划、运动计划、药物治疗计划等，以帮助用户控制疾病进展，保持身体健康。

　　ChatGPT 可以监测和反馈用户的健康计划执行情况，提供相应的反馈和建议，帮助用户更好地执行健康计划和控制身体状况。例如，当用户的饮食计划和运动计划执行情况不佳时，ChatGPT 可以提供相应的建议和调整方案，以帮助用户更好地实现健康管理目标。同时，ChatGPT 可以定期生成个性化的健康报告，展示用户的健康状况、健康风险、改进措施等，帮助用户更好地了解自己的身体状况和健康管理效果。

小明有糖尿病，请制定一份合理的饮食计划。

针对小明的糖尿病情况，制定一份合理的饮食计划可以有以下建议：

1. 控制总能量摄入：糖尿病患者需要控制总能量摄入，避免过度摄入导致体重增加。建议每日总能量摄入量为1500-1800千卡。

2. 控制碳水化合物摄入：糖尿病患者需要控制碳水化合物摄入，避免血糖升高。建议每日碳水化合物摄入量为130-230克，其中可选择高纤维、低GI（血糖指数）的碳水化合物食物，如全麦面包、糙米饭、蔬菜、水果等。

3. 增加蛋白质摄入：适量增加蛋白质摄入，有利于控制血糖和保持肌肉健康。建议每日蛋白质摄入量为0.8-1.0克/公斤体重，可以选择鱼、鸡肉、豆类、牛奶等富含优质蛋白质的食物。

4. 控制脂肪摄入：虽然脂肪对血糖影响较小，但是糖尿病患者需要控制脂肪摄入，避免过度摄入导致体重增加和心血管疾病风险增加。建议每日脂肪摄入量为25-35%的总能量摄入。

5. 分餐进食：糖尿病患者建议采用分餐进食的方式，每天分为3餐和2-3次小食，避免一次性大量进食导致血糖过高。

6. 限制糖分摄入：糖尿病患者需要限制糖分摄入，尽量避免食用糖果、甜饮料等高糖食物，可以选择低糖水果、糖尿病专用饼干等代替。

7. 控制饮酒：糖尿病患者需要控制饮酒，酒精摄入会导致血糖升高和胰岛素分泌不足。

二、智能穿戴设备与数据监测

1. 数据分析与建议反馈

利用 ChatGPT 可以为智能穿戴设备实现集健康数据实时采集、分析、健康建议反馈、健康数据分享、社交互动等多项功能于一身的设计构想。它可以实时监测用户的心率、血压、睡眠等生理指标，并通过数据分析和挖掘，提取有价值的信息和趋势，为用户提供相应的健康建议和反馈。例如，当用户的心率异常或血压升高时，智能穿戴设备可以在 ChatGPT 的控制下发出相应的健康提醒，帮助用户及早发现和处理潜在的健康问题。通过这样的实时监测和数据分析，用户可以全面了解自己的身体状况，及时发现健康问题，制定健康计划。

智能穿戴设备还支持健康数据分享和社交互动功能。用户可以将自己的健康数据分享给朋友、家人或医生等，让他们更好地了解自己的身体状况和健康管理情况。同时，应用 ChatGPT 的智能穿戴设备还提供社交互动功能，如比赛、挑战等，激发用户的健康管理兴趣。用户还可以与其他健康管理者进行交流和分享，互相鼓励、监督、帮助，从而形成健康管理社区，提高健康管理效果。

2. 实时监测与预警提醒

通过智能传感技术和数据分析算法，ChatGPT 可以让智能设备实时监测用户的心率、血压、睡眠等生理指标，提供实时数据监测和反馈，帮助用户更好地了解自己的身体状况和健康风险。同时，基于用户的健康数据和个人信息，智能穿戴设备还可以进行健康风险评估和身体状况分析，提供相应的健康预警提醒和应对措施建议。在紧急情况下，其配备的定位功能，可以帮助急救人员准确追踪用户的位置，提高救援效率。

实时监测与预警提醒是 ChatGPT 应用在智能穿戴设备的一大特点。它可以实时监测用户的心率、血压、睡眠等生理指标，提供实时数据监测和反馈，让用户了解自己的身体状况和健康风险。当用户的血压异常或心率过快时，会立即向用户发送健康预警提醒，同时给出相应的应对措施建议，帮助用户及时处理潜在的健康问题，避免疾病恶化。通过这样的实时监测和预警提醒，用户可以更好地了解自己的身体状况和健康风险，及时采取措施预防疾病，保障自己的健康。

紧急情况处理与呼叫紧急联系人是智能穿戴设备应用 ChatGPT 的另一大特点。在紧急情况下，智能穿戴设备可以及时向用户发送警报信息，并根据用户的紧急联系人列表自动呼叫相应的联系人，提供急救服务和帮助，确保用户的安全和健康。智能穿戴设备配备的定位功能，可以帮助急救人员准确追踪用户的位置，提高救援效率。这些功能为用户提供了极大的安全保障，可以让用户在任何时候都能获得及时的医疗救助。

三、智能饮食指导

1. 营养评估与食品推荐

ChatGPT 智能饮食指导的营养评估和食品推荐功能，基于自然语言处理和机器学习等技术实现。ChatGPT 可以从用户输入的饮食信息中，提取食品名称、摄入量、营养成分等数据，通过营养成分分析和评估，了解用户的营养摄入情况和不足之处，为用户提供相应的营养改善建议。

同时，ChatGPT 智能饮食指导还可以基于用户的偏好和需求，推荐适合用户的食品和菜品。它可以根据用户的个人信息、饮食习惯、营养需求等因素，自动生成符合用户需求的健康食品推荐列表。这些推荐食品不仅满足用户口味，还能提供充足的营养，帮助用户保持健康饮食习惯。

在食品营养价值对比和建议方面，ChatGPT 智能饮食指导可以根据食品的营养成分数据，对用户所选食品进行营养价值对比，提供相应的改进方案。例如，当用户选择了一款营养价值较低的食品时，ChatGPT 智能饮食指导会提醒用户选择更加健康和营养丰富的食品，提供相应的替代方案和菜品推荐。

2. 健康饮食计划与菜单推荐

ChatGPT 智能饮食指导可以为用户提供个性化健康饮食计划，根据用户的个人信息、身体状况和营养需求，制定符合用户需求的健康饮食计划，帮助用户合理安排饮食，保持营养平衡和健康状态。

在健康饮食菜单推荐方面，ChatGPT 智能饮食指导可以为用户提供适合自己的饮食菜单推荐，包括早餐、中餐、晚餐等多个餐次。它可以根据用户的个人信息、饮食习惯、营养需求等因素，推荐适合用户的菜品和菜单，帮助用户更加方便地安排健康饮食。

我在减肥，请定制个菜单。我是北方人。

好的，根据您的要求和身体状况，我可以为您定制一个适合您的健康饮食菜单。作为北方人，您可以选择以下食物来搭配您的饮食计划：

早餐：
1个鸡蛋、半个西红柿、一碗燕麦粥或玉米粥

上午加餐：
一份水果或一杯脱脂酸奶

午餐：
一份鸡肉、一份蔬菜炒饭或糙米饭、一份青菜汤

下午加餐：
一份水果或一杯脱脂酸奶

晚餐：
一份瘦肉、一份蔬菜炒饭或糙米饭、一份青菜汤

睡前加餐：
一份低脂牛奶或一份水果

这份菜单充分考虑了您的营养需求和健康状况，选择了低脂、高蛋白、高纤维的食品，帮助您控制热量和脂肪摄入，同时满足身体对营养的需求。

　　ChatGPT 智能饮食指导还可以基于用户的营养需求和身体状况，制定个性化的健康饮食计划和菜单推荐，帮助用户合理搭配食物，保证膳食平衡，满足身体的营养需求。用户可以在应用中设置自己的营养目标，如减重、增肌、控制血糖等，ChatGPT 智能饮食指导将根据用户的目标和身体状况，为用户推荐适合的饮食计划和菜单，提供详细的食谱和烹饪方法，方便用户实现健康饮食。

　　除此之外，ChatGPT 智能饮食指导还可以为用户提供食品选择建议，如为用户推荐健康的购物清单、选择有机食品、避免食品中的添加剂等，帮助用户选购更加健康的食品，并提供食品供应链信息，了解食品来源和生产过程，确保食品的安全和健康。同时，ChatGPT 智能饮食指导还可以提供食品存储和处理建议，如食品的保存方法、烹饪技巧等，

帮助用户更好地管理食品和减少浪费。

第三节　医疗知识普及与患者支持

ChatGPT 可以应用于对民众普及医疗知识，进而可以为民众提供全面的医疗知识普及和预防保健指导，帮助其更好地了解自己的身体状况和健康管理情况。ChatGPT 可以为患者提供在线心理支持服务，以及医疗翻译服务，帮助患者更好地管理和治疗自己的疾病。

一、健康知识普及和预防保健指导

ChatGPT 可以提供针对性的健康知识和指导，如健康饮食、运动保健、疾病预防和治疗等方面的知识。例如，对于一些慢性病患者，ChatGPT 可以为他们提供如何通过健康饮食、合理运动等方法来控制疾病，避免疾病恶化的指导。同时，ChatGPT 还可以根据用户的健康状况，为用户定制个性化的健康管理方案，例如，为高血压患者提供降压方案，为糖尿病患者提供控糖方案等。

ChatGPT 还可以提供丰富的健康知识。用户可以通过 ChatGPT 的平台，获取医学知识、健康资讯、医药信息等各种有关健康方面的信息。同时，用户还可以通过 ChatGPT 的社交功能，与其他健康管理者交流和分享，互相鼓励、监督、帮助，形成健康管理社区，提高健康管理效果。例如，用户可以通过 ChatGPT 获取疾病预防、治疗和康复方面的知识，包括但不限于高血压、糖尿病、心血管疾病、癌症等方面的知识。

ChatGPT 还可以提供健康饮食方面的知识。例如，如何制定健康的饮食计划，如何选择适合自己的食品和饮料，以及如何避免不良饮食习惯对健康造成的负面影响。此外，ChatGPT 还可以为用户提供医药知识，例如，如何正确使用药品，如何避免药物滥用和不良反应等。以下列举了阿莫西林药物的正确使用场景和途径，避免滥用，可以明确了解其具体的使用方法。

　　我买了一盒阿莫西林，请问该怎么服用？

　　阿莫西林是一种常用的抗生素，用于治疗多种感染病。一般情况下，阿莫西林需要口服。具体的服用方法请参考以下步骤：

1. 请先认真阅读药品说明书，了解阿莫西林的用途、剂量和注意事项等信息。
2. 在服用阿莫西林之前，请务必先用清水将口腔内的食物残渣清除干净，以免影响药效。
3. 根据医生的建议或药品说明书的指示，确定阿莫西林的剂量和服用次数，并严格按照医嘱或药品说明书的要求服用药物。
4. 阿莫西林通常应该在饭后服用，以减少胃部不适和提高药物吸收效果。
5. 请将药物整粒吞服，避免咬碎或咀嚼，以免影响药效和增加副作用的发生。
6. 按时按量服用，直至药品结束。即便感觉症状已经缓解，也不应该自行停药，否则可能会导致病情复发或感染变得更加严重。
7. 如果在服用药物期间出现不良反应或症状加重，请立即停药，并咨询医生的建议。

需要注意的是，阿莫西林的剂量和服用次数会根据病情和个体差异而有所不同，因此在服用之前最好咨询医生或药剂师的建议。

　　ChatGPT 可以通过语音交互和图文结合等方式，让用户更加轻松地获取健康知识和预防保健指导。用户可以通过 ChatGPT 智能语音助手，与 ChatGPT 进行语音交互，获取健康知识和指导。同时，ChatGPT 还可以通过图文结合的方式，为用户提供更加直观、易懂的健康知识和预防保健指导。

二、在线患者社群和心理支持服务

ChatGPT 在线患者社群和心理支持服务旨在为患者提供更全面、更贴心的医疗服务。通过在线社群和心理支持，患者可以获得更多的支持和关怀，减轻身心负担，提高治疗效果，增强康复信心。

在在线患者社群方面，ChatGPT 作为一个开放的平台，让患者可以随时随地与其他患者交流和分享自己的病情、经验和心得。通过在线社群，患者可以得到更多的信息和建议，了解不同治疗方法的优缺点，分享自己的治疗经验，互相帮助和鼓励，增强对疾病的理解和应对能力。此外，ChatGPT 在线社群还提供专业医生和护士的支持和指导，为患者提供更全面和专业的医疗服务。

除了在线社群，ChatGPT 还提供心理支持服务，为患者提供情感上的支持和帮助。通过 ChatGPT 心理支持服务，患者可以获得专业的心理辅导和咨询，缓解身心压力，提高心理抵抗力和康复信心。ChatGPT 心理支持服务采用人工智能技术和机器学习算法，根据患者的心理状况和需求，为其提供个性化的心理支持方案。例如，对于焦虑和抑郁的患者，ChatGPT 心理支持服务可以为其提供相应的心理疏导和放松训练，帮助其缓解焦虑和抑郁症状，提高心理健康水平。

三、医疗翻译服务

ChatGPT 可以在医疗翻译服务方面提供便捷和高效的解决方案。对于一些非本地语言为母语的患者，他们可能会在看病和就诊的过程中面临语言障碍的问题，导致沟通不畅、误解和困惑。而 ChatGPT 可以通过自然语言处理和机器翻译技术，实现多语言之间的实时翻译和交流，为患者和医生之间的沟通提供便利和支持。

在医疗翻译服务方面，ChatGPT 可以提供文本翻译、语音翻译等多种形式的翻译支持。

第一，ChatGPT 可以提供文本翻译服务，即用户可以通过 ChatGPT 的平台输入需要翻译的文字内容，ChatGPT 会自动将其翻译成目标语言。这种方式可以适用于一些简单的沟通情境，如预约挂号、问诊、诊断报告等。

 我在美国看医生，嗓子疼，有痰，不发烧。该怎么描述？

If you are seeing a doctor in the United States and experiencing a sore throat and phlegm without a fever, you could describe your symptoms as follows:

"I have a sore throat and I am coughing up phlegm, but I do not have a fever."

It's important to be clear and concise when describing your symptoms to a doctor, so that they can make an accurate diagnosis and provide you with appropriate treatment.

第二，ChatGPT 可以提供语音翻译服务，即用户可以通过 ChatGPT 的平台录制需要翻译的语音内容，ChatGPT 会自动将其翻译成目标语言，并通过语音播放功能进行传达。这种方式可以适用于一些需要语音交流的沟通情境，如医生询问患者的症状、患者回答医生的问题等。

除了文本翻译和语音翻译，ChatGPT 还可以提供视频翻译服务，即用户可以通过 ChatGPT 的平台上传需要翻译的视频内容，ChatGPT 会自动将其翻译成目标语言，并通过视频播放功能进行传达。这种方式可以适用于一些需要视频交流的沟通情境，如远程会诊、远程手术指导等。

第四节　健康管理实际操作应用

本节将探讨如何利用 ChatGPT 来优化人们的健康管理过程。ChatGPT 作为一个大型的语言模型，可以成为人们的个性化健康助手，提供健康管理支持和实用工具。

首先，可以向 ChatGPT 提出与健康相关的问题，它将为人们提供准确的健康知识和信息，进而帮助人们理解疾病、症状、治疗方法等方面的知识。

其次，可以利用 ChatGPT 进行健康数据的监测和分析。人们可以与 ChatGPT 共享健康数据，如体重、血压、心率等，它可以帮助人们分析数据趋势，提供健康建议，并警示可能存在的健康风险。

最后，可以使用 ChatGPT 获取个性化治疗的建议。人们可以向 ChatGPT 描述自己的症状和健康状况，它将根据目前的医学知识和数据库为人们提供个性化的治疗建议和健康方案。可以与 ChatGPT 共同制定健康目标，并定期报告人们的进展，它将为其提供鼓励、建议和调整计划，帮助实现健康目标。

下面是关于利用 ChatGPT 优化健康管理过程的实际操作演示。

假设某人有疲劳和焦虑的症状，这时其可以直接向 ChatGPT 询问原因，如：

你好，ChatGPT！我最近经常感到疲劳和焦虑，想知道这可能是什么原因引起的。

你好！疲劳和焦虑的感受可能是由多种原因引起的，我可以提供一些常见的可能性供你参考。然而，我并不是一个医疗专家，所以如果你的症状持续存在或影响到你的日常生活，最好咨询医生或心理健康专家以获取专业建议。

1. 压力和工作负荷：过度的工作压力、长时间的工作或学习以及过多的责任可能导致疲劳和焦虑。
2. 睡眠问题：不良的睡眠质量或不足的睡眠时间可能导致疲劳和焦虑。如果你经常感到疲劳，可能需要检查你的睡眠习惯是否健康。
3. 心理健康问题：焦虑和疲劳可能与心理健康问题如焦虑障碍、抑郁症或其他心理疾病有关。如果你感到持续的焦虑或疲劳，最好寻求专业的心理健康评估。
4. 不良生活方式：不健康的饮食习惯、缺乏运动、过量的咖啡因或药物滥用等因素可能导致疲劳和焦虑。
5. 生活事件和变化：生活中的重大变化、个人关系问题、家庭压力或其他负面事件可能产生疲劳和焦虑的感觉。

请记住，这只是一些可能的原因，你的具体情况可能有所不同。如果你感到疲劳和焦虑，建议你尝试寻找一些缓解压力的方法，如锻炼、放松技巧、良好的睡眠和寻求支持和帮助的机会。

当人们通过 ChatGPT 了解了一些出现疲劳和焦虑的原因后，还可以询问它某种疾病的症状和治疗方法，ChatGPT 也可以提供一些建议，如：

我明白了，谢谢你！另外，我想了解一下高血压的症状和治疗方法。

高血压，也被称为高血压症，是指在动脉血管中血液流过时对动脉壁施加过高的压力。以下是高血压的常见症状和治疗方法：

常见症状：

1. 头痛：可能是由于血压升高对血管和神经的影响引起的头痛。
2. 眩晕：在某些情况下，高血压可以导致头晕和眩晕感。
3. 呼吸困难：严重的高血压可能导致心脏负荷过重，导致呼吸困难和气促。
4. 视觉问题：高血压可能对视网膜产生负面影响，导致视力模糊或视野缺失。

治疗方法：

1. 生活方式改变：饮食健康、限制钠摄入、减少饮酒、戒烟、控制体重和进行规律的体育锻炼都可以帮助控制血压。
2. 药物治疗：医生可能会开处方药来帮助降低血压。常用的药物包括利尿剂、钙通道阻滞剂、血管紧张素转换酶抑制剂和血管紧张素受体拮抗剂等。
3. 控制相关疾病：高血压通常与其他疾病（如糖尿病、高血脂、肥胖等）相关联。控制和管理这些疾病也是管理高血压的重要一环。
4. 定期监测：定期测量血压，并与医生保持沟通和检查，以确保血压保持在合理的范围内。

重要的是要意识到高血压通常是一种慢性疾病，需要长期的管理和治疗。如果你有高血压的症状或疑虑，最好咨询医生进行评估和建议。他们能够根据你的具体情况提供更详细的指导和个性化的治疗方案。

如果有需要，人们还可以利用 ChatGPT 为自身提供个性化的治疗建议，如：

用户：非常感谢你的分析和建议！接下来，我想知道一些个性化的治疗建议。

ChatGPT：当然，请告诉我你的症状和健康情况，我将尽力为你提供个性化的治疗建议。

用户：我经常失眠，有时感到焦虑和紧张。你有什么建议吗？

ChatGPT：失眠、焦虑和紧张可能是多种因素引起的。我建议你尝试一些放松技巧，如深呼吸、冥想和温水浸泡等。此外，建立良好的睡眠习惯，避免刺激性食物和饮品，并保持规律的睡眠时间。如果问题持续存在，最好咨询医生或专业的心理健康专家，以获取更具体的治疗建议。

通过这个实际操作演示，我们展示了如何利用ChatGPT获取健康信息、监测健康数据和获取个性化治疗建议。ChatGPT可以根据用户提供的健康问题和数据，给出相应的建议、分析和指导，帮助用户更好地管理和改善健康状况。

如果你有其他问题或需要进一步的帮助，请随时告诉我。

ChatGPT 的新闻写作与创意表达：拓展语言的无限可能

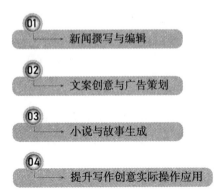

第一节　新闻撰写与编辑

一、ChatGPT 的新闻写作基本原则的保障

1. 准确性与客观性

ChatGPT 作为一款先进的人工智能语言模型，在保障新闻写作准确性和客观性方面采取了以下策略：

（1）大量训练数据

ChatGPT 通过学习大量的文本数据，包括新闻报道、专业文章等，借助各种来源的文本数据，包括专业新闻报道、学术文章、论坛讨论等，ChatGPT 构建了一个知识宝库。这使得它能够全面了解新闻写作的核心要素，以满足市场对高质量新闻的需求。通过学习各种类型的文本数据，ChatGPT 可以学习到不同领域和行业的新闻写作特点。

（2）语义理解能力

基于 GPT-4 架构，ChatGPT 具备强大的语义理解能力。ChatGPT 能够迅速捕捉输入的关键信息，理解上下文及事物之间的关联，从而生成准确、客观的新闻文本。这一能力使 ChatGPT 能够深入挖掘新闻事件的本质，为受众提供高质量的新闻报道，满足现代信息时代的需求。

（3）持续学习与优化

在竞争激烈的新闻市场中，持续学习与优化成为 ChatGPT 在新闻写作领域保持竞争力的关键。它可以根据市场需求和用户反馈不断完善自身，从而生成更高质量的新闻文本。通过分析用户反馈，ChatGPT 能够发现并改进其在新闻写作过程中的不足之处，从而提升新闻文本的准确性和客观性。

（4）事实核实机制

尽管 ChatGPT 能自动从训练数据中提取事实，但在实际应用中，它可以通过与其他事实核实工具相结合，以进一步提高新闻报道的准确性。

（5）人工智能与人类协作

ChatGPT 在生成新闻文本时，可以作为人类新闻工作者的辅助工具。在实际应用中，人工智能和人类新闻工作者相互协作，共同保障新闻写作的准确性和客观性。

2. 时效性与新颖性

（1）时效性

ChatGPT 可以生成新闻报道的草稿，为新闻工作者节省大量的时间和精力。通过输入一些关键词或者概述，ChatGPT 可以自动生成新闻报道的大纲和内容，并提供一些提示和建议，帮助新闻工作者快速完成新闻报道。通过训练自然语言处理模型，从不同的新闻来源和社交媒体中提取最新的信息，以便新闻工作者快速了解最新的事件和情况。ChatGPT 可以识别新闻报道中的关键词、实体和主题，并通过自然语言处理技术分析这些信息，以提取最新的事件和情况。这有助于新闻工作者更快速地获取最新的信息，以保障新闻报道的时效性。

（2）新颖性。

由于 ChatGPT 在训练中接触了大量的新闻报道和文章，因此可以根据历史数据，提供不同的新闻报道模板，帮助新闻工作者从不同的角度出发，生成新颖、有趣的新闻报道。ChatGPT 可以通过自然语言处理技术分析新闻报道的语言结构和逻辑关系，从而生成符合读者兴趣和喜好的新闻报道模板。ChatGPT 还可以根据读者的兴趣和喜好，生成具有吸引力的新闻标题和摘要，从而提高新闻报道的关注度和传播力。ChatGPT 可以通过分析读者的搜索历史和兴趣标签等信息，生成符合读者兴趣和喜好的新闻标题和摘要，从而吸引读者的注意力，提高新闻报道的阅读量和传播效果。

3. 结构清晰与语言简练

ChatGPT 可以根据输入的关键词或概述，自动生成新闻报道的草稿，包括标题、导语、正文、结尾等，从而帮助新闻工作者快速生成结构清晰的新闻报道。同时，ChatGPT 还可以提供一些提示和建议，帮助新闻工作者优化新闻报道的结构和语言，以确保新闻报道的质量。

通过自然语言处理技术，分析新闻报道的语言结构和逻辑关系，以提高新闻报道的结构清晰和语言简练。ChatGPT 可以识别新闻报道中的关键词、实体和主题，并分析它们之间的逻辑关系，以确保新闻报道的结构清晰和逻辑严密。ChatGPT 还可以提供一些替换词汇和语法结构的建议，帮助新闻工作者使用简练、准确的语言，从而提高新闻报道的质量。根据历史数据和不同的新闻主题，提供不同的新闻报道模板和样例，帮助新闻工作者更好地把握新闻报道的结构和语言。ChatGPT 可以从不同的角度出发，生成符合新闻主题的新闻报道模板，以及使用生动、准确的语言描述新闻事件，从而帮助新闻工作者更好地编写结构清晰、语言简练的新闻报道。

二、ChatGPT 在新闻稿件生成中的应用

1. 自动提取关键信息

ChatGPT 作为一种自然语言处理技术，可以帮助人们快速、准确地自动提取新闻稿件中的关键信息。通过对新闻稿件中的各种语言结构和模式进行识别和解析，ChatGPT 可以自动提取人名、地点、时间、事件等关键信息，并将它们与文本上下文关联起来，提高关键信息的准确性和可信度。ChatGPT 还可以通过上下文分析来识别关键词和实体，进一步提高自动提取关键信息的准确性和效率。

2. 生成新闻简报与摘要

新闻简报与摘要能帮助读者迅速了解新闻的核心内容，这有助于节

省阅读时间，并提高获取信息的效率。在信息爆炸的时代，读者往往面临大量新闻信息的筛选和消化，通过使用 ChatGPT 生成的新闻简报与摘要，读者可以更便捷地获取关键信息，从而更高效地处理和吸收新闻内容。对于新闻编辑、发布者和分析师来说，新闻简报和摘要有助于快速抓住新闻要点，提高工作效率。例如，新闻编辑可以利用由 ChatGPT 生成的新闻摘要，迅速理解新闻核心，从而加快编辑审稿速度。新闻分析师则可以通过简报快速了解新闻事件，为进一步深入分析打下基础。

ChatGPT 在生成新闻简报与摘要方面的优势主要是其对新闻稿件的深度分析能力。通过对新闻稿件进行深入挖掘，ChatGPT 能够识别并提取关键信息，进而生成简练、准确的新闻摘要。这有助于凸显新闻的重点，让读者更清晰地了解新闻事件的本质。凭借其出色的文本生成能力，ChatGPT 可以根据新闻稿件的内容和结构生成清晰、连贯、有逻辑的新闻简报。由 ChatGPT 生成的简报不仅能准确反映新闻事件的要点，还能呈现出高质量的文字表达，使读者在阅读过程中更易理解。ChatGPT 还可以根据读者的兴趣和需求生成个性化的新闻摘要和简报，从而提高读者的阅读体验和满意度。例如，对于不同年龄、职业或兴趣爱好的读者，ChatGPT 可以生成相应的定制化新闻摘要，满足他们的特定需求。

3. 创意新闻标题设计

ChatGPT 可以通过理解新闻文章的核心内容，从而生成与内容相关且精准的标题。ChatGPT 可以通过提取文章的关键信息，提炼出其中的重要元素，为标题提供有力支撑。其在处理大量数据和语言模式的基础上，能够创造出独特的标题表达方式。这种创意表达可以使新闻标题更具吸引力，使得读者在浏览众多新闻时，愿意点击阅读。

通过对不同文化和语境的理解，ChatGPT 可以生成符合特定受众需求和喜好的新闻标题。例如，对于年轻人群体，标题可以使用更时尚的语言和潮流词汇；对于科技领域的新闻，可以使用相关术语和技术名词。ChatGPT 还支持多种语言，这意味着它可以为不同语言环境的新闻媒体提供创意标题设计服务。根据客户需求，可以实时调整 ChatGPT 生成标题的风格、长度和语法结构。这使得新闻标题更具针对性，能够满足不同的需求。

在生成新闻标题的过程中，ChatGPT 可以快速提供多个备选方案。编辑人员可以在这些备选标题中选择最合适的，或对其进行进一步优化，以确保最终标题的质量。对于新闻媒体而言，时效性是非常重要的。利用 ChatGPT 生成创意新闻标题可以极大地提高工作效率，减轻编辑人员的负担，使他们有更多时间专注于其他重要任务。

三、ChatGPT 辅助编辑工作

ChatGPT 作为一款高级的人工智能语言模型，可以在多个方面有效地辅助编辑工作，提高编辑质量和工作效率。ChatGPT 辅助编辑工作的具体解析如图 6-1 所示。

1. 优化新闻文本结构

以新闻标题为例，编辑人员可以通过输入新闻的主题和关键词，让 ChatGPT 自动生成一个符合规范的标题。ChatGPT 不仅可以自动生成新闻标题，还可以根据新闻文本的内容和重点，生成新闻的摘要和正文。

这样，编辑人员不必再花费时间和精力来设计文本结构，而是可以将更多的精力放在新闻内容和写作上，提高编辑效率。

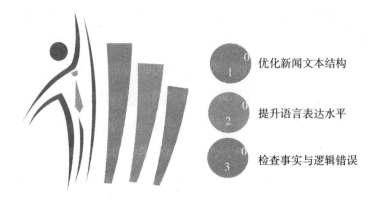

优化新闻文本结构

提升语言表达水平

检查事实与逻辑错误

图 6-1 ChatGPT 辅助编辑工作的具体解析

在编辑新闻时，有些编辑人员可能会忽略一些文本结构上的规范，如忽略段落的结构、忽略各个段落之间的连贯性等。这些问题可能会影响新闻的可读性和专业性，ChatGPT 可以通过自动化生成新闻文本结构来规避这些问题，生成的文本结构会符合新闻规范和标准，让新闻更加清晰易懂，提高新闻的可读性和专业性。对于新闻编辑人员来说，搜集信息和素材是一个非常烦琐的过程，但是 ChatGPT 可以通过自然语言处理技术和自动学习模型，快速搜集相关素材，并根据编辑人员的需求进行整理和分类，提高编辑效率和减轻编辑工作量。

2. 提升语言表达水平

由于编辑人员的经验和语言水平不同，有时候在语言表达方面可能会出现错误或不够准确的表达，导致新闻的可读性和专业性受到影响。利用 ChatGPT 可以提升编辑在语言表达上的水平。ChatGPT 可以分析编辑的文本，并根据文本的主题、对象、风格等特点，推荐合适的词汇和语言表达方式。例如，在报道一则科技新闻时，ChatGPT 可以推荐一些专业术语和科技词汇，让新闻更具专业性；而在报道一则社会新闻时，则可以推荐一些口语化的词汇和表达方式，让新闻更具生动性。

ChatGPT 可以通过自然语言处理技术和自动学习模型，对编辑人员的文本进行分析和识别，发现其中的语言错误和不合适的表达方式，并给出相应的建议和修改方案。例如，在文本中发现有错别字或语法错误时，ChatGPT 可以给出正确的拼写和语法建议；而在文本中出现不专业的词汇或表达方式时，则可以给出替换或修正的建议。通过分析编辑人员的语言表达问题，ChatGPT 可以制定针对性的培训和辅导方案，帮助编辑人员更加深入地理解语言表达的技巧和要领，提高编辑人员的语言表达水平。

3. 检查事实与逻辑错误

通过分析文本中所涉及的人物、事件、时间等要素，ChatGPT 可以检查新闻文本所陈述的事实是否准确。例如，对于一篇报道某位名人的新闻，ChatGPT 可以检查名人的姓名、职业、出生年月等基本事实是否正确；对于一篇报道一场事件的新闻稿件，ChatGPT 可以检查事件的发生时间、地点、参与人员等要素是否准确。通过分析文本中所涉及的人物、事件、事实等要素之间的关系，ChatGPT 可以检查新闻文本的逻辑关系是否合理。对于一篇报道某场比赛的新闻，ChatGPT 可以检查比赛结果和比赛过程是否相符。ChatGPT 可以提供事实和逻辑方面的培训和辅导，制定针对性的培训和辅导方案，帮助编辑人员更加深入地理解事实和逻辑关系的要领和技巧，提高编辑水平。

第二节　文案创意与广告策划

一、利用 ChatGPT 生成创意概念

ChatGPT 可以帮助广告人员生成创意概念，其中包括理解品牌定位与目标受众、独特卖点及结合市场趋势与行业动态等内容。ChatGPT 在生成创意概念方面的应用如图 6-2 所示。

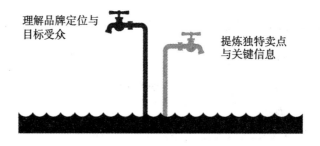

理解品牌定位与
目标受众

提炼独特卖点
与关键信息

图 6-2　ChatGPT 在生成创意概念方面的应用

1. 理解品牌定位与目标受众

ChatGPT 可以帮助广告人员通过对品牌定位和目标受众的分析，生成相应的创意概念。进而可以帮助广告人员了解品牌在市场上的位置和形象，以及品牌与竞争对手的差异化点。帮助广告人员了解品牌的核心价值所在，从而为创意概念的设计提供指导。可以通过对目标受众的分析，进而了解广告人员对目标受众的需求和偏好的掌握程度，从而为广

告策略和文案创意的设计提供指导。了解目标受众的心理需求、行为习惯和消费观念可以帮助广告人员更好地制定广告策略和创意概念，以吸引目标受众的注意力和激发他们的购买欲望。

ChatGPT 可以生成相应的创意概念，从而为广告策略和文案创意的设计提供帮助。例如，对于一款家庭用品，ChatGPT 可以根据其品牌的定位和目标受众的需求，提出"让生活更便捷，让家庭更美好"的创意概念。这一创意既符合品牌的定位，又能够满足目标受众的需求。通过这一创意概念，又可以提出一个设计方案，供用户参考。

> 以"让生活更便捷，让家庭更美好"为创意概念，策划一个设计方案。
>
> 基于"生活更便捷，让家庭更美好"这一创意概念，我们可以为一款家电产品进行广告策划和文案创意设计。以下是一个可能的设计方案：
>
> **1. 广告策略**
>
> 针对目标受众，我们可以采取以下广告策略：
>
> - 以家庭生活场景为切入点，突出产品的便捷性和美好体验。
> - 通过呈现现实生活中的问题，引出产品的解决方案，让受众产生共鸣和认同。
> - 强调产品的高效节能和环保特性，以满足受众对于生活品质和环保意识的需求。

2. 文案创意

基于广告策略，我们可以设计以下文案创意：

- 标题：让生活更便捷，让家庭更美好——全新家电产品上市啦！
- 标语：节能环保，生活更美好。
- 正文：
  - 描述现实生活中的问题，例如："每天早上，我们都要面对洗涤衣物的烦恼，不仅费时费力，还浪费能源；每个冬天，我们都要面对取暖的问题，不仅耗费大量能源，还对环境造成污染。"
  - 引出产品的解决方案，例如："现在，一款高效节能的家电产品可以帮助你解决这些问题，它不仅可以智能控制洗衣和取暖，还可以实现环保节能，让你的生活更便捷，更美好。"
  - 突出产品的特点和优势，例如："这款家电产品采用最新的技术和设计，具有高效节能、环保安全、智能控制等特点，它可以让你在生活中节省时间和能源，让你的家庭更美好。"
  - 结合市场趋势和行业动态，例如："在家电行业中，这款产品是领先的，它采用最新的科技和设计，带给你最先进的家庭生活体验。"
  - 最后，呼吁受众购买产品，例如："快来购买这款高效节能的家电产品，让你的生活更便捷，让你的家庭更美好！"

2. 提炼独特卖点与关键信息

在广告策划和文案创意的过程中，提炼出独特的卖点等关键信息是非常重要的。这些信息可以帮助品牌方更好地吸引目标受众的注意力，从而达到更好的推广效果。ChatGPT 作为一款人工智能语言模型，可以通过分析品牌的特点和竞争优势，以及目标受众的需求和偏好，提炼出具有吸引力的卖点和其他关键信息。

卖点是产品或服务的优势，是品牌推广的重要内容，可以吸引目标受众的注意力。在广告策划和文案创意的过程中，提炼出独特的卖点非常关键。通过分析品牌的特点和竞争优势，ChatGPT 可以推荐合适的卖点，从而为广告的创意和策略提供帮助。关键信息是广告中必须传递的内容，它对于激发受众的购买欲望至关重要。在广告策划和文案创意的过程中，提炼出关键信息也是非常关键的。例如，对于一款新型智能手机，ChatGPT 可以根据品牌的特点和目标受众的需求，提炼出"全新 AI 智能拍照系统，让你的照片更加精彩"的关键信息。这一信息可以激发目标受众的购买欲望，并且让他们更加了解产品的特点和优势。

二、ChatGPT 在广告文案创作中的应用

在广告文案创作中，标题、标语和内容的吸引力及质量对于宣传的效果至关重要。ChatGPT 可以根据品牌、产品和目标受众等多方面信息，生成吸引人的标题和标语，同时通过自然语言处理技术和语料库分析，提高文案的创意性和表现力。

1. 生成吸引人的标题与标语

在广告中，标题和标语往往是受众最先看到的内容，它们必须能够吸引受众的注意力，让受众感兴趣并进一步了解产品或服务。ChatGPT可以根据品牌、产品和目标受众等信息，生成具有吸引力的标题和标语，帮助广告人员更好地传达广告信息。

例如，对于一款健身产品，ChatGPT可以根据其品牌、产品和目标受众等信息，生成如下的标题和标语。

标题：燃烧你的脂肪，重塑你的身材——让健身变得更简单！

标语：只需 15 分钟，每天一次，就能拥有完美的身材。

这样的标题和标语能够吸引目标受众的注意力，让他们产生进一步了解产品的兴趣和欲望。

2. 编写生动有趣的广告内容

ChatGPT可以根据品牌、产品和目标受众等信息，生成生动有趣的广告内容，吸引受众的注意力并产生共鸣。

例如，对于一款旅游产品，ChatGPT可以根据品牌、产品和目标受众等信息，生成如下的广告内容：

⟲ 以下是一份旅游产品的广告内容，由ChatGPT生成：

想要拥有一次充满惊喜和刺激的旅行吗？无论是想要探索神秘的文化遗产，还是享受世界各地的美食和美景，我们有一款旅游产品，可以让你的旅行变得更加难忘！

我们的旅游产品采用最先进的旅游服务模式，让你在旅行中享受更多的自由和刺激。我们提供全方位的旅游服务，包括机票、住宿、餐饮、交通、导游等，让你的旅行无后顾之忧。

与此同时，我们的旅游产品也有专业的导游和服务团队，保障你的旅行安全和舒适。我们的导游都是经验丰富、热情友好的专业人士，可以为你讲解当地的历史文化和风俗习惯，让你更好地了解旅行目的地的精髓。

我们的旅游产品还采用了最先进的旅游科技，包括虚拟现实、增强现实等技术，让你在旅行中享受更加丰富和真实的体验。我们相信，只有通过真正的体验，才能让你更好地领略旅行的魅力！

不要再等待，现在就来加入我们的旅游团队，开始一次充满惊喜和刺激的旅行吧！

3. 提高文案语言的创意性与表现力

文案语言的创意性和表现力是非常重要的，它可以吸引消费者的注意力和提高品牌的形象。ChatGPT 可以通过自然语言生成和深度学习算法，提高文案语言的创意性和表现力，为广告策划人员提供更多的文案创意和灵感。

ChatGPT 可以生成具有创意性的语言表达方式，通过使用不同的词汇、句式和表达方式，来表达产品或服务的独特优势和卖点。例如，在旅游产品的广告文案中，ChatGPT 可以使用"探索未知的奇妙之地""让你的灵魂漫步在美丽的自然风景中"等具有创意性的语言，来吸引消费者的注意力，让他们对旅游产品产生更大的兴趣。

同时，ChatGPT 还可以提高文案语言的表现力。通过使用生动的描写方式和形象的比喻，来让消费者更好地理解产品或服务的优势和价值。例如，在旅游产品广告文案中，ChatGPT 可以使用"像一只自由翱翔的鸟儿，你可以飞跃山川，领略大自然的壮美"等表现力极强的语言，来让消费者更加深刻地理解旅游产品带来的美好体验。

三、ChatGPT 协助广告视觉设计

视觉设计在广告创意中，可以起到吸引消费者目光，提高品牌的形象和认知度的作用。ChatGPT 可以通过深度学习算法，协助广告视觉设计，提供视觉元素及布局建议、分析消费者偏好与心理、生成与主题相关的色彩搭配方案，从而帮助广告策划人员设计更优秀的广告创意。

1. 提供视觉元素及布局建议

对于不同的品牌和目标受众，需要选择不同的视觉元素和布局方式。例如，在一款时尚品牌产品的广告设计中，应该选用色彩鲜艳、风格简洁的视觉元素和布局，强调品牌的时尚与前卫；而在一款保健品的广告设计中，则需要选用比较柔和的颜色和图片，强调产品的健康与自然性。ChatGPT 可以通过分析品牌的定位和目标受众的偏好，提供适合的视觉元素和布局建议，从而帮助广告设计师更好地进行广告视觉设计。

2. 分析消费者偏好与心理

消费者偏好和消费心理是广告设计中不可忽视的因素，因为消费者的喜好和心理状况可以直接影响广告的效果。ChatGPT 可以通过对消费者偏好和心理进行分析，提供适合的视觉元素和布局建议。例如，当消费者更喜欢具有亲和力和人性化的品牌形象时，广告设计师可以运用可爱的卡通形象或温馨的家庭场景来满足消费者的需求，从而更好地吸引消费者的注意力。

3. 生成与主题相关的色彩搭配方案

颜色是广告设计中非常重要的因素，因为颜色可以直接影响人们的情绪和行为。ChatGPT 可以通过对广告主题和品牌进行分析，生成适合的颜色搭配方案。如果想做一个夏季水果饮料的广告设计，可以直接询问 ChatGPT，对于色彩搭配的建议，根据这些建议，可以为自己提供思路。

> U 夏季水果饮料的广告设计，针对于色彩搭配你有什么建议？
>
> 对于夏季水果饮料的广告设计，色彩搭配是非常重要的。适合的色彩搭配可以让广告更具吸引力，引起潜在客户的兴趣和购买欲望。ChatGPT可以通过分析夏季水果饮料的特点和目标受众的偏好，生成与主题相关的色彩搭配方案，提供广告视觉设计方面的建议。
>
> 首先，对于夏季水果饮料的广告设计，可以考虑使用清新明亮的色彩，如明亮的黄色、粉红色和橙色等。这些颜色可以很好地表达夏季的清新感和活力，也与水果饮料的口感和颜色相符合，从而让广告更加符合主题。
>
> 其次，可以考虑将这些明亮的色彩与一些自然的色彩搭配使用，如绿色和蓝色。这些色彩可以表达水果饮料的天然和健康属性，同时也与夏季的自然环境相符合。搭配在一起，可以提高广告的视觉吸引力和可信度。
>
> 最后，对于不同类型的水果饮料，可以根据不同的口味和风格，采用不同的色彩搭配方案。例如，对于草莓味的水果饮料，可以采用粉红色和绿色的搭配，强调草莓的鲜艳和天然；对于柠檬味的水果饮料，可以采用明亮的黄色和绿色的搭配，强调柠檬的清新和活力。
>
> 综上所述，对于夏季水果饮料的广告设计，合适的色彩搭配是非常重要的。ChatGPT可以根据品牌的定位和目标受众的偏好，提供适合的色彩搭配方案，帮助广告视觉设计更加吸引人眼球，达到最佳的广告效果。
>
> ↻ Regenerate response

四、ChatGPT 在广告投放策略中的辅助作用

1. 预测受众反应与行为

ChatGPT 可以通过分析受众历史数据和行为模式，预测受众在未来的行为和反应。例如，如果一位受众在过去经常搜索或购买某种类型的产品，ChatGPT 可以预测该受众在未来也会有购买类似产品的可能性。这种预测是基于 ChatGPT 强大的自然语言处理和机器学习技术，它可以对受众的大量数据进行分析和挖掘，从而得出更加准确的预测结果。

通过预测受众反应与行为，广告人员可以更好地了解受众的需求和行为，制定更加精准的广告投放策略，提高广告的转化率和效果。这样，他们可以更好地控制广告的成本和效益，从而实现更好的广告投放效果。

2. 优化媒体投放计划与预算

ChatGPT 可以通过对市场趋势和受众行为的分析，提供更加精准的媒体投放建议和预算分配方案，从而提高广告的曝光率和转化率。

ChatGPT 可以根据受众行为的历史数据和趋势，预测受众在不同媒体平台上的行为和反应。如果 ChatGPT 发现某个媒体平台的受众群体和产品的目标受众高度重合，就可以建议将更多的预算投入该媒体平台，提高广告的曝光率和转化率。

此外，ChatGPT 还可以根据不同媒体平台的受众特点和广告效果，

提供不同的投放策略和预算分配方案。例如，在某些平台上，使用生动有趣的广告创意可能会更加有效；而在另一些平台上，则需要使用更加直接明了的广告内容来吸引受众的注意力。

3. 持续跟踪并分析广告效果

ChatGPT 可以协助广告人员进行广告效果的持续跟踪和分析。通过分析广告的曝光率、点击率、转化率等指标，ChatGPT 可以提供广告效果的可视化报告，帮助品牌方直观地了解广告的实际效果。同时，ChatGPT 也可以根据报告的结果，提出相应的优化建议和策略，帮助广告人员提高广告的转化率和效果。如果广告的点击率较低，ChatGPT 可以提出调整广告内容或调整投放渠道的建议；如果广告的转化率较低，则 ChatGPT 可以提出优化目标受众或优化营销策略的建议。这些建议和策略可以帮助广告人员及时调整投放计划，提高广告的效果和转化率。

第三节　小说与故事生成

小说与故事生成是 ChatGPT 在创意领域的另一个应用。通过对已有的文本数据进行学习，ChatGPT 可以生成新的故事情节和小说段落。这项技术在创作和娱乐领域有着广泛的应用，如小说写作、电影剧本、游戏情节等。ChatGPT 可以帮助创作者在短时间内生成大量创意，从而提高创作效率和创作质量。

一、ChatGPT 在创意构思阶段的应用

1. 提供灵感和创意

作者输入关键词或主题，ChatGPT 就会生成与之相关的情节、角色、场景等元素，帮助作者快速获取创意和灵感。这为作者提供了广阔的想象空间，同时也为故事的创作提供了多样化的可能性。

如某个作者正在写一本奇幻小说，而其对于情节构思方面缺乏灵感，可以利用 ChatGPT 输入相关信息，ChatGPT 会基于这些关键词生成一些与之相关的情节和因素，进而给作者带来启发和创意，帮助他完成故事的构思。

> ⊡ 魔法 龙 冒险 为奇幻小说提供创意。
>
> ⑤ 当输入关键词"魔法"，"龙"，"冒险"时，ChatGPT可以为奇幻小说提供许多创意和灵感。以下是一些可能的创意：
>
> 1. 一位年轻的女巫踏上了寻找神秘龙之旅，为了解开她祖母留下的秘密。在旅途中，她必须使用她的魔法技能来保护自己和她的伙伴，同时面对来自黑暗势力的挑战。
> 2. 在一个神秘的王国里，一只受伤的龙被发现，被一位年轻的魔法师救助。为了保护这只龙，魔法师必须踏上冒险之旅，与邪恶的巫师战斗，并学会如何控制自己的魔法力量。
> 3. 一位勇敢的年轻战士加入了一支远征队伍，前往神秘的龙之谷寻找古老的龙魔法。在旅途中，他遇到了一位魔法天赋异禀的女孩，他们共同冒险，探索神秘的世界。
>
> 这些创意提供了一些基本的情节和角色，作者可以在此基础上进行更深入的故事构思和创作。

2. 生成基础情节

ChatGPT 可以根据输入的情节设定，自动生成基础情节。通过输

入主角、目标、障碍等关键元素，ChatGPT 可以自动生成一个基础情节框架，帮助作者快速搭建故事框架。依然以上面的为主题。可以直接和 ChatGPT 对话：

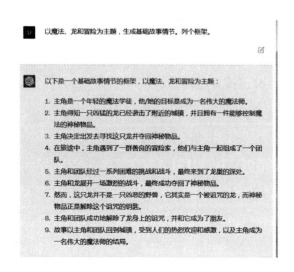

3. 辅助人物创作

ChatGPT 可以生成各种类型和特点的角色，帮助作者更好地塑造人物形象和性格特点。通过输入角色的基本信息和特征，ChatGPT 可以生成具有独特性格和行为特点的角色，帮助作者更好地进行人物创作。

如果在故事写作过程中，作者需要塑造一个坚强勇敢的女主角，可以向 ChatGPT 输入一些关键信息。如该主角的性格特点、外貌、生活背景等，ChatGPT 就可以生成一个具有这些特点的女主角形象。作者可以在此基础上进行进一步的塑造和发挥，创造出更加丰富和深刻的人物形象。

4. 提供情感元素

ChatGPT 可以根据输入的情感元素，生成具有情感共鸣的情节和故事情节。通过分析人类的情感需求和心理，ChatGPT 可以生成具有情感共鸣的情节，帮助作者更好地打动读者的心。

例如，输入"友情"这一关键词，ChatGPT 可以生成一个基于友情的情节。比如两个主角因为某个事件成为好朋友，在面对各种危险和困境时互相支持，最终共同战胜了邪恶势力。这样的情节可以让读者产生共鸣和情感投入，更好地体会故事情节。

二、ChatGPT 在小说文本创作中的作用

1. 生成生动有趣的叙述与对话

在小说文本创作中，生动有趣的叙述和对话是吸引读者的关键。ChatGPT 可以帮助作者在创作过程中快速获得创意和灵感，并生成各种类型和风格的叙述和对话。以下是一个例子。

输入关键词："校园爱情"，ChatGPT 生成以下段落：

"这是一个阳光明媚的下午，校园里人来人往，热闹非凡。李欣走在校园小路上，突然看到了心仪已久的男生，他正和几个朋友一起走过来。她心中兴奋不已，却又有些紧张，不知道该怎样与他搭讪。突然，他向她走来，微笑着和她打招呼，李欣顿时感到心头一阵悸动。

"你今天好漂亮啊，真是让人看不够。"男生说道。

"谢谢夸奖，其实你也很帅啊。"李欣脸红心跳，不知道该说些什么。

"那你愿意和我一起去看电影吗？我听说最近有一部很好看的电影上映了。"男生露出了期待的表情。

"好啊，我很喜欢看电影。"李欣轻轻一笑，充满了幸福的神色。

在这个例子中，ChatGPT 生成了一个典型的校园爱情场景。通过生动有趣的叙述和对话，表达了主人公的内心世界和情感状态，吸引了读者的关注和共鸣。同时，该段落中的叙述和对话使用了恰当的语言表达规律和技巧，展现了 ChatGPT 在创意和语言生成方面的能力。

2. 提升文字表达的丰富性与多样性

ChatGPT 可以帮助作者在文本创作中使用更加生动、具有艺术性的语言表达方式，从而吸引读者的关注并提升作品的质量。例如，对于一段描述夜晚的场景的文本，ChatGPT 可以生成以下两种不同的表达方式：

"夜色下，整个城市被一层神秘的面纱覆盖着。大街上的灯光昏暗，路旁的树木随风摇曳，发出低沉的呢喃声。"

"夜幕降临，城市的面貌瞬间变得神秘起来。街头的灯火黯淡无光，街角的树木被风吹得左右摇晃，发出低语般的声响。"

这两种表达方式都描绘了夜晚的景象，但使用了不同的语言表达方式。第一种表达方式使用了形象的比喻，让读者更加生动地感受到夜晚的气氛；第二种表达方式则通过修辞和节奏感强化了文本的艺术性和感染力。这样的文本表达方式不仅可以让读者更加沉浸在故事的情境中，也可以提升小说的文学价值。

ChatGPT 的生成能力可以帮助作者提升文本的质量和艺术性，使得小说更加生动有趣，同时也更加具有文学价值。

3. 实现情感表达与心理描绘的深度挖掘

情感表达和心理描绘是小说文本创作中非常重要的方面，能够让读者更好地理解角色的内心世界和情感状态。ChatGPT 可以通过分析情感词汇和心理特征，生成具有情感共鸣和深度的文字表达，帮助作者更好地实现情感表达和心理描绘的深度挖掘。

例如，在一部爱情小说中，主角经历了一段情感起伏和挣扎，作者想要深度描绘主角的内心世界和情感状态。通过输入关键词和情感词汇，ChatGPT 生成以下的文字表达：

"他沉默了一会儿，然后轻轻叹了口气。我看着他，发现他的眼神中充满了不安和矛盾。"

"她咬着嘴唇，目光黯淡。我可以感觉到她的心在慢慢破碎，而我却无能为力。"

"他转过身去，脸上是一副冷漠的表情。但我知道，他内心里的痛苦和矛盾已经无法掩盖。"

这些文字表达通过细腻的情感描绘和对角色内心状态的深度挖掘，让读者更好地理解角色的情感状态，增强了小说的情感共鸣和感染力。

三、 ChatGPT 协助小说编辑与改写

1. 优化故事结构和节奏

ChatGPT 可以根据故事的情节和构成，提供优化建议，如建议故事从哪里开始，哪些情节需要调整，哪些情节需要加强悬念，哪些情节需要加强冲突等。这些优化建议可以帮助故事更加吸引人，并提高读者的参与度和体验。

2. 提高文学价值和艺术性

ChatGPT 可以通过分析历史文学经典和优秀作品，提供改进建议，如改进对话和场景的描述、改进角色塑造、提高语言表达的质量等。这些改进可以提高小说的文学价值和艺术性，增强读者的阅读体验和品位。

3. 检查文本中的逻辑错误和一致性问题

ChatGPT 可以通过分析文本的逻辑性和一致性，检查文本中的逻辑错误和一致性问题。例如，ChatGPT 可以检查故事情节的前后逻辑是否合理，角色的行为是否符合其性格特点等。这些检查可以提高小说的整体质量，使读者更加满意和信任故事。

对于小说编辑和改写方面，可以用一个示例来做论述：一位作者正在写一篇科幻小说，故事情节为一位天才科学家试图发明一种能够打破时空限制的装置。现在作者觉得故事情节有些拖沓，悬念不够强烈，需

要进行优化。可以直接从 ChatGPT 寻找答案。

（1）优化故事结构和节奏

通过分析故事情节，ChatGPT 可能会提出以下建议：

调整故事开始的部分，使读者更快地进入故事情节中。例如，可以从主角遇到麻烦的地方开始，这样可以更快地吸引读者的兴趣。

增加故事中的冲突和悬念，如增加主角的对手或障碍，增加故事的紧张感和吸引力。

调整故事情节的先后顺序，使情节更加紧凑和连贯，避免拖沓和无聊。

（2）提高文学价值和艺术性

通过分析历史经典和优秀的科幻小说作品，ChatGPT 可能会提出以下改进建议：

改进对话和场景的描述，使其更加生动有趣。例如，通过增加细节描述场景，使其更具体和有形。

提高主角和配角的形象刻画，使其更具有个性和特点。例如，可以在角色行为和对话中描绘出其性格特点。

改进语言表达的质量，例如通过增加修辞手法和文学技巧来提高文本的艺术性。

（3）检查文本中的逻辑错误和一致性问题

通过分析故事情节和人物形象，ChatGPT 可能会提出以下检查建议：

检查故事情节的前后逻辑是否合理。例如，主角是否能够轻松解决所有的障碍，或者某个情节是否跟其他情节矛盾。

检查角色的行为是否符合其性格特点，避免出现行为不连贯或者违背角色设定的问题。

通过以上三个方面的改进和优化，可以使故事更加吸引人，提高文学价值和艺术性，同时保证文本的逻辑性和一致性，从而提高故事的整体质量。

第四节　提升写作创意实际操作应用

本节将探讨利用 ChatGPT 提升写作创意。ChatGPT 作为一个大型的语言模型，可以为人们提供创意启发、扩展想象力，并帮助人们在写作过程中获得新的视角和想法。

首先，与 ChatGPT 进行对话，以激发创意和获取写作灵感。人们可以向 ChatGPT 提供一个主题或故事情节的简要描述，然后与它进行对话，让它提供创意、设定场景或添加情节元素，以丰富写作内容。

其次，利用 ChatGPT 进行角色设定和人物创作。人们可以描述角色特征、追求目标和人物背景，然后与 ChatGPT 进行对话，让它帮助深入塑造人物形象、提供独特的个性特征和复杂的内心世界。

再次，利用 ChatGPT 进行情感表达和丰富写作风格。人们可以向 ChatGPT 描述想表达的情感或情绪，然后与它进行对话，让它选择合适的词汇、语气和句式，以营造出特定的情感氛围。

最后，利用 ChatGPT 优化故事结构和情节发展。人们可以向 ChatGPT 描述故事大纲或关键情节，然后与它进行对话，让它帮助扩展情节、添加转折和冲突，并提供出任意材料的情节发展方向。

通过本节的学习和实际操作演示，可以深入了解如何利用 ChatGPT 作为写作助手，帮助提升写作创意和表达能力。无论是对于写小说、剧本、诗歌还是写其他文学作品，这些技巧都可以帮助人们开拓思路、丰富写作内容，并创造出独特而引人入胜的作品。

下面是关于 ChatGPT 提升写作创意的实际操作演示。

开始时，可以告诉 ChatGPT 需要写作的具体内容，并且告诉它需要提供什么类型的内容，如：

你好，ChatGPT！我正在写一篇关于未来城市的科幻故事，但我需要一些新的创意和想法来丰富故事情节。你能帮助我吗？

当然！我很乐意帮助你丰富你的科幻故事情节。请告诉我你希望故事中涉及的主题和一些背景信息，我将努力为你提供新的创意和想法。

此时，可以将自己的想法告诉 ChatGPT，它将会为人们提供一些创意和想法，这些创意和想法会拓宽写作者的思路，如：

这个故事发生在未来的大都市，人们使用先进的科技设备和智能机器人。主角是一个年轻的工程师，他发现了一个秘密计划，涉及到控制城市的主要资源。我想给故事添加一些紧张和危险的元素。

很棒的设定！让我为你提供一些紧张和危险的创意和想法，以丰富你的故事情节：

1. 高科技追逐：主角发现了秘密计划后，他成为了追捕目标。城市中的智能监控系统和机器人开始追踪和追捕他，主角需要巧妙地运用科技设备和技能来逃离追击，同时揭露计划的真相。
2. 反抗组织：主角发现了一个地下反抗组织，他们与城市当局对抗并试图揭露秘密计划。主角加入了这个组织，他们一起策划了一系列危险的行动，包括渗透城市控制中心和解除资源控制系统。
3. 奇特的科技发明：在这个未来的大都市中，主角遇到了一位天才科学家或工程师，他拥有令人惊叹的科技发明。这些发明物可以帮助主角完成任务，例如隐形装置、远程操控机器人或干扰设备的器件。

4. 虚拟现实迷宫：主角发现秘密计划涉及一个虚拟现实世界，是一个错综复杂的迷宫。主角必须进入虚拟世界并解开谜题，才能找到真相并破解计划。

5. 城市内部内讧：主角揭示了计划的真相后，城市内部爆发了内讧。各个势力为了争夺控制权而展开激烈的战斗，主角必须在混乱中寻找盟友并保护自己，同时寻找解决方案来拯救城市。

希望这些创意和想法能够为你的故事增添紧张和危险的元素。记得根据你的故事情节和角色的发展，加入适合的情节转折和惊险场景。如果需要更多帮助或有其他问题，请随时告诉我！

对于塑造主要角色人物形象，ChatGPT 也可以根据要求提供建议，如：

这些创意听起来很不错！谢谢你的帮助。接下来，我想深入塑造主角的人物形象。

非常棒！让我为你提供一些建议，以深入塑造你的主角人物形象：

1. 个人背景与动机：探索主角的个人背景和经历，以及他们为什么成为一名工程师。这可以包括家庭背景、教育经历或关键事件，为读者提供了解主角的线索。同时，揭示主角的动机，例如对科技的热爱、正义感或对自由的追求。

2. 技能与专长：主角作为一名工程师，拥有特定的技能和专长。描述他们在设计、改进或修理高科技设备方面的能力。这些技能将在故事中发挥关键作用，让主角能够应对各种挑战和危险。

3. 内心冲突与成长：为主角创造内心的冲突和成长过程。在他们揭示秘密计划的过程中，他们可能面临道德困境、信任问题或自我怀疑。通过克服这些内在障碍，主角可以逐渐成长，并找到内心的坚定与决心。

4. 情感线索与关系：构建主角与其他角色之间的情感线索和关系。这可以包括家人、朋友、导师或爱情关系。这些关系可以为主角提供情感支持、帮助或冲突，同时丰富故事情节和人物发展。

5. 弱点与脆弱性：不要忘记赋予主角一些弱点和脆弱性。这可以使他们更具人性化和可信度。主角可能有过去的伤痛、恐惧或对失败的恐惧。这些弱点将在故事中测试主角的意志和勇气，并为他们的成长提供机会。

通过深入塑造主角的人物形象，你可以使他们更加立体和生动。读者能够与主角建立情感联系，并随着故事的发展和挑战的出现而投身于主角的旅程。

祝你在创作中取得成功！如果需要更多帮助或有其他问题，请随时告诉我。

第七章

当智能遇见装修：
ChatGPT 在家庭装修中的
个性化应用

第一节　室内设计与布局

在家庭装修过程中，室内设计与布局是非常重要的一环。合理的空间规划和设计可以让家居环境更加舒适、实用和美观。因此，在开始装修之前，需要进行仔细的空间规划和设计。这包括对空间尺寸、功能需求、家具摆放等多种因素的考虑。ChatGPT 可以通过智能分析，为用户提供优秀的室内设计和布局建议，让用户更好地规划和设计自己的家居空间。在选择家具摆放和布局时，ChatGPT 可以为用户提供个性化的建议和方案，让用户更加便捷地摆放和布置自己的家具。此外，在色彩搭配和风格选择方面，ChatGPT 也可以为用户提供丰富的建议和方案，让用户更好地把握装修的风格和氛围。ChatGPT 在室内设计与布局的应用如图 7-1 所示。

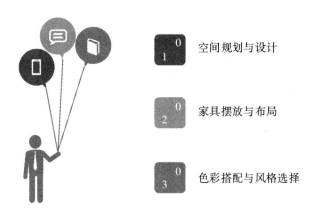

图 7-1 ChatGPT 在室内设计与布局的应用

一、空间规划与设计

在进行房屋规划设计之前，需要先对房屋的空间尺寸和功能需求进行充分的分析。ChatGPT 可以根据用户提供的房屋平面图和相关信息，对空间尺寸和功能需求进行智能分析和判断。例如，在面积较小的房屋中，需要合理规划功能区域，避免空间浪费。在面积较大的房屋中，需要注意空间的连通性和通风性，避免空间过于拥挤从而让人感到压抑。

针对不同的房型和功能需求，ChatGPT 可以智能推荐合理的空间规划和设计方案，以实现最佳的使用效果。例如，在公寓空间设计方面，ChatGPT 可以根据居住者的需求，推荐多功能家具和巧妙的储存方案，最大限度地利用空间。在别墅空间设计方面，ChatGPT 可以根据空间的大小和位置，推荐巧妙的空间分隔和连通方案，让整个空间看起来更加和谐舒适。

此外，在空间布局设计方面，ChatGPT 可以为用户提供个性化的建议和方案。ChatGPT 可以根据用户的需求和喜好，智能推荐适合的家具和装饰品摆放方案。例如，在客厅中，需要注意沙发、茶几和电视的布置和搭配，使整个空间看起来更加和谐舒适。在卧室中，需要注意床的布置和朝向，保证良好的睡眠环境和私密性。

二、家具摆放与布局

ChatGPT 可以通过智能分析，为用户提供优秀的家具摆放和布局建议，让用户更好地摆放和布置自己的家具。ChatGPT 可以为用户提供个性化的建议和方案，让用户更加便捷地选择自己喜欢的家具。

在家具摆放方面，ChatGPT 可以根据用户提供的信息，包括房屋类型、房屋面积、户型布局、家具种类和数量等等，进行智能分析和处理。结合大量的数据和案例，ChatGPT 可以快速推荐适合用户的家具摆放和布局方案。在这个过程中，ChatGPT 会考虑到空间的尺寸、家具的种类和数量、家具的布局和摆放方式等因素，推荐更加符合用户要求的方案。

在家具选择方面，ChatGPT 也可以为用户提供个性化的建议和方案。用户可以根据 ChatGPT 的推荐，选择适合自己的家具品牌、款式和尺寸等方面的建议。通过 ChatGPT 的帮助，用户可以更加便捷地选择自己喜欢的家具，从而更好地完成家居装修。

可以尝试虚构一个用户，通过 ChatGPT 来对自己装修的方案，提供一部分参考建议，进而更加实际了解 ChatGPT 的功能如何实现：

用户描述：

名字：王小花
年龄：27岁
职业：自由职业者，经常在家工作
兴趣爱好：阅读、写作、喜欢听轻音乐
个性化需求：希望公寓客厅能够兼顾工作和娱乐，希望有一个舒适的阅读角落和一个放松身心的休闲区域，并且喜欢简约现代风格。

好的，让我们来为王小花布局公寓客厅，以满足她的个性化需求：

1. 划分功能区：根据王小花的需求，将客厅划分为三个功能区：工作区、阅读角落和休闲区域。这些区域应该彼此分开，但同时也应该有一个良好的流动，以使整个客厅感觉更舒适和宽敞。
2. 选择家具：选择简约现代的家具，以配合王小花喜欢的风格。对于工作区，选择一个简洁的书桌和一把舒适的办公椅。对于阅读角落，选择一个舒适的扶手椅和一个茶几，为王小花提供放松和阅读的空间。对于休闲区域，选择一张宽敞舒适的沙发和一些柔软的靠垫，以提供一个舒适的休息和娱乐的场所。
3. 安排摆放位置：根据客厅的布局和大小，安排家具的摆放位置。工作区应该放置在客厅的一侧，紧靠窗户或光线充足的位置。阅读角落可以放置在客厅的角落或靠近窗户的位置，以便获得更好的光线和视野。休闲区域应该放置在电视柜附近，以便王小花在休息和娱乐时能够方便地访问电视和其他娱乐设施。

三、色彩搭配与风格选择

颜色对于空间的氛围和感觉有着很大的影响。正确的色彩搭配可以为房间营造出温馨、明亮、舒适、高雅等不同的感觉。不同的颜色也有着不同的效果，例如，蓝色可以使人感到宁静，绿色可以让人感到放松，黄色可以带来温暖和欢快的感觉。同时，选择一个合适的风格可以为房间带来整体的协调感和统一性。不同的风格有着不同的特点和元素，如现代风格强调简约、个性，传统风格注重繁复、对称，艺术装饰风格强调独特、个性化的装饰元素等。

ChatGPT 可以帮助客户，回答关于房屋色彩搭配和风格选择的问题，针对用户，提供一些建议和灵感。ChatGPT 可以回答与色彩搭配和风格选择相关的问题，如"如何选择客厅的颜色搭配"或"现代风格的主要特点是什么"等。ChatGPT 可以从文本语料库中提取相关信息，生成有用的回答和建议。

ChatGPT 可以根据用户提供的关键词或主题，生成一些有关色彩搭配和风格选择的灵感和建议。例如，如果用户提供了"深色家具"和"现代风格"的关键词，ChatGPT 可以生成一些有关如何选择墙壁颜色和家具搭配的建议。

ChatGPT 可以基于用户提供房间尺寸、布局、用途等信息生成相应的设计方案和建议。ChatGPT 还可以根据这些信息，生成有关颜色搭配、家具选择和装饰方案等的建议。

ChatGPT 可以与用户进行交互式对话，回答用户的问题，提供有关色彩搭配和风格选择的建议和灵感，根据用户的反馈和意见进行修改和改进。例如，当用户输入"我家住在 3 楼，客厅墙壁颜色是太空漫步灰，地上瓷砖是浅灰色花纹，请提供一些家具的色彩搭配建议"时，ChatGPT 可以通过处理用户输入的自然语言文本，提取出关键词"3楼""客厅""墙壁颜色""地砖颜色""家具""色彩搭配建议"等，然后根据其预训练模型中学习到的知识，从大规模语料库中找到与这些关键词相关的语料信息，并进行处理和分析。最终，ChatGPT 可以生成一个自然语言文本，包含关于客厅家具的色彩搭配建议。

我家住在3楼，客厅墙壁颜色是太空漫步灰，地上瓷砖是浅灰色花纹，请提供一些家具的色彩搭配建议。

好的，根据你提供的信息，以下是一些家具色彩搭配建议：

> 1. 地中海风格：浅灰色花纹的瓷砖与地中海风格非常搭配。你可以选择一些明亮、鲜艳的颜色来搭配，如蓝色、绿色、黄色等，这些颜色会使房间更加明亮、轻松和欢快。另外，天然木质材料也是地中海风格的重要元素，可以选择一些棕色、质朴的木质家具来搭配。
> 2. 现代简约风格：浅灰色的地砖和太空漫步灰的墙壁与现代简约风格非常相似。你可以选择一些白色或黑色的家具来搭配，这些颜色会使房间更加简洁、明亮、干净。同时，现代简约风格注重线条和形状的简约美感，可以选择一些极简的家具，例如棕色皮革沙发或木质茶几等。
> 3. 粉色与灰色搭配：你可以选择一些粉色的家具与灰色墙壁和地砖搭配，这种搭配会使房间更加温馨、浪漫。你可以选择粉色沙发、粉色窗帘、粉色地毯等，这些颜色会带来一种柔和的感觉，与灰色的墙壁和地砖形成对比。

第二节　材料与工艺选择

不同的材料和工艺对于家居的舒适性、耐久性、环保性等都有着很大的影响。因此，在进行材料与工艺选择时，需要对其性能、环保等方面进行全面的分析和比较。ChatGPT 可以通过深度学习和自然语言处理技术，为用户提供关于材料与工艺选择方面的建议和方案。在材料性能与环保分析方面，ChatGPT 可以为用户提供丰富的材料性能和环保分析建议，让用户了解各种材料的优缺点，从而更好地选择适合自己的材料。在工艺选材与预算平衡方面，ChatGPT 可以为用户提供一些实用的建议和技巧，帮助用户控制装修预算，同时确保装修质量和效果。此外，在家居材料搭配与设计效果方面，ChatGPT 也可以为用户提供一系列的建议和方案，让用户更好地进行材料选择和家居设计。ChatGPT 在材料和工艺选择上的应用如图 7-2 所示。

一、材料性能与环保分析

在家居装修中，材料的选择对于舒适性、耐久性和环保性都有着很深的影响。ChatGPT 可以帮助用户了解各种材料的优缺点和环保性能，从而更好地进行材料选择。

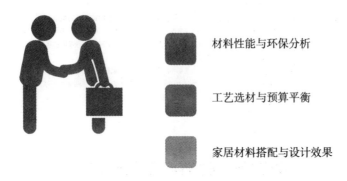

材料性能与环保分析

工艺选材与预算平衡

家居材料搭配与设计效果

图 7-2　ChatGPT 在材料和工艺选择上的应用

ChatGPT 可以通过处理用户提供的自然语言文本，如想了解一下实木地板和复合地板的优缺点和环保性能，从而为用户提供关于材料性能与环保性能方面的建议和方案。ChatGPT 首先会对用户的语言进行分析和理解，提取出其中的关键词和意图，例如，"实木地板""复合地板""优缺点""环保性能"等。然后，ChatGPT 会根据其预训练模型中学习到的知识，从大规模语料库中找到与这些关键词相关的语料信息，并进行处理和分析。最终，ChatGPT 会生成一个自然语言文本，包含对实木地板和复合地板的优缺点比较和分析以及环保性能的评价。

除了针对用户输入的自然语言文本进行处理和分析，ChatGPT 还可以通过生成自然语言文本的方式，向用户提供关于不同材料的性能和环保性能方面的建议和分析，如实木家具具有高质量、高价值、自然美感等优点，但需要特别的护理和维护；复合家具具有经济实惠、易于保养、稳定性高等优点，但相对环保性能不如实木家具。

二、工艺选材与预算平衡

ChatGPT 可以为用户提供一些实用的建议和技巧，帮助用户控制装修预算，同时确保装修质量和效果。

ChatGPT 可以通过处理用户提供的自然语言文本，如我家的预算有限，想了解一些低成本的工艺和材料选择方案，从而为用户提供关于工艺选材和预算平衡方面的建议和方案。ChatGPT 会首先分析用户的语言，提取出其中的关键词和意图，如预算有限、低成本、工艺、材料选择方案等等。其次，ChatGPT 会根据其预训练模型中学习到的知识，从大规模语料库中找到与这些关键词相关的语料信息，并进行处理和分析。最后，ChatGPT 会生成一个自然语言文本，包含关于工艺选材和预算平衡方面的建议和方案，如建议选择一些成本相对较低的材料和工艺，如复合地板、PVC 地板等，这些材料和工艺不仅成本低，而且易于安装和维护，同时也有一定的耐久性和环保性能。

除了针对用户输入的自然语言文本进行处理和分析，ChatGPT 还可以通过生成自然语言文本的方式，向用户提供关于工艺选材和预算平衡方面的一些实用建议和技巧，例如，对于装修预算有限的用户，可以选择一些成本相对较低的材料和工艺，同时注意材料的质量和环保性能；可以选择一些价格较低的家具，但要注意质量和舒适度。

三、家居材料搭配与设计效果

在家居装修中，家居材料的搭配和设计效果也是非常重要的。ChatGPT 可以为用户提供一些关于家居材料搭配和设计效果方面的建议和方案，帮助用户更好地进行家居材料选择和家居设计。

　　ChatGPT 可以通过处理用户提供的自然语言文本，如我想了解一下客厅家具的色彩搭配建议和设计效果，从而为用户提供关于家居材料搭配和设计效果方面的建议和方案。ChatGPT 会首先分析用户的语言，提取出其中的关键词和意图，如客厅家具、色彩搭配、设计效果等等。然后，ChatGPT 会根据其预训练模型中学习到的知识，从大规模语料库中找到与这些关键词相关的语料信息，并进行处理和分析。最终，ChatGPT 会生成一个自然语言文本，包含关于客厅家具的色彩搭配和设计效果方面的建议和方案，例如，建议选择一些明亮、清新的颜色来搭配客厅的太空漫步灰墙壁和浅灰色花纹地砖，如白色、淡蓝色或淡黄色等，这样可以让客厅看起来更加宽敞明亮，同时在家具设计方面可以选择一些简约现代的款式。

> ■ 我想了解一下，客厅家具的色彩搭配建议和设计效果。
>
> ⑤ 非常好，下面为您提供一些客厅家具的色彩搭配建议和设计效果。
>
> 客厅是家庭中最重要的活动区域，也是接待客人和家庭娱乐的主要场所。因此，客厅的装修和家具搭配要兼顾美观、实用、舒适等多方面因素。以下是一些客厅家具的色彩搭配建议和设计效果：
>
> 1. 客厅墙壁颜色和家具颜色的搭配：
>
> 如果客厅的墙壁是太空漫步灰色，可以选择一些明亮、清新的颜色来搭配家具，例如白色、淡蓝色或淡黄色等，这样可以让客厅看起来更加宽敞明亮。另外，深灰色花纹地砖可以和灰色墙壁形成渐变，同时也可以选择与家具颜色相近或者相反的颜色来进行搭配，以达到协调统一的效果。
>
> 2. 客厅家具的颜色搭配：
>
> 在客厅家具的颜色搭配方面，可以选择颜色相近或者相反的家具，或者在家具上使用相同或者类似的图案和纹理，以达到协调统一的效果。如果想要营造出一种清新自然的感觉，可以选择一些淡雅的绿色或蓝色家具，同时搭配一些清新的植物，让客厅更加自然舒适。如果想要营造出一种豪华和高档感，可以选择一些黑色或金色的家具，搭配一些高档的装饰品和灯饰，让客厅更加奢华。

> 3. 客厅家具的风格选择：
>
> 在客厅家具的风格选择方面，可以选择一些适合自己的风格和主题，例如简约现代、复古风格等。简约现代风格的家具以简洁、大方、实用为主，适合现代都市人的生活需求；复古风格的家具以古典、复古为主，适合喜欢古典文化和有文艺气息的人群。同时，还可以注重家居细节设计和装饰，例如选择一些装饰画、摆件、窗帘等来营造出具有个性化和艺术感的居住空间。

除了针对用户输入的自然语言文本进行处理和分析，ChatGPT 还可以通过生成自然语言文本的方式，向用户提供关于家居材料搭配和设计效果方面的建议和方案，例如，对于客厅家具的搭配，可以选择一些颜色相近或者相反的家具，或者使用相同或者类似的图案和纹理的家具，以达到协调统一的效果；对于家居设计，可以选择一些适合自己的风格和主题，如简约现代、复古风格等，同时注重家居细节设计和装饰，以营造出具有个性化和艺术感的居住空间。

第三节　家居软装饰品选择

家居软装饰品可以为家居增添美感、温馨和艺术氛围，是体现家居个性和风格的重要元素。然而，在选择家居软装饰品时，需要考虑多种因素，如家居风格、色彩搭配、装饰风格、装修预算等。ChatGPT 可以通过深度学习和自然语言处理技术，为用户提供关于家居软装饰品选择方面的建议和方案。

在家居软装与风格搭配方面，ChatGPT 可以为用户提供一系列的建议和方案，帮助用户更好地选择适合自己的家居软装饰品。在装饰画、窗帘、家居植物等方面，ChatGPT 也可以为用户提供丰富的建议和方案，让用户更好地把握装修的细节和效果。此外，在家居摆件、装饰品和 DIY 创意方面，ChatGPT 也可以为用户提供一些实用的建议和技巧，让用户更好地发挥自己的创造力和个性化想象力。

ChatGPT 在家居软装饰品选择方面的应用如图 7-3 所示。

家具软装与
风格搭配

装饰画、窗帘与
家居植物

家居摆件、装饰品与
DIY创意

图 7-3　ChatGPT 在家居软装饰品选择方面的应用

一、家居软装与风格搭配

不同的装修风格需要不同的软装搭配，这也是很多业主比较头疼的问题。ChatGPT 可以为用户提供关于家居软装与风格搭配的建议和方案。例如，如果用户的装修风格是现代简约风格，ChatGPT 可以根据模型训练和大规模语料库学习到现代简约风格的色彩搭配和软装搭配规则，给出相应的建议和方案，比如建议用户选择简约大气的家居饰品和灯具，同时要注意搭配中不要出现过多的花哨、华丽的元素，以保持简约风格的整体感。如果用户的装修风格是中式风格，ChatGPT 可以根据中式风格的特点和传统元素，给出相应的家居软装搭配建议，以增强中式风格的氛围感。

此外，ChatGPT 还可以为用户提供一些具体的软装搭配技巧和实用建议，如建议用户在选择家居饰品时，要注意整体搭配的统一感和协调感；建议用户在选择窗帘时，要注意色彩搭配和风格一致性，同时还要考虑窗帘的材质和采光情况；建议用户在选择灯具时，要考虑灯光的明暗度和光线照射范围，以营造出适合不同场景和氛围的灯光效果。

二、装饰画、窗帘与家居植物

装饰画、窗帘和家居植物是家居软装中常见的几个元素。它们的搭配和摆放可以为家居增加不同的情调和氛围。ChatGPT 可以通过自然语言处理技术，为用户提供关于装饰画、窗帘和家居植物的搭配建议。例如，用户可以输入"我家的客厅需要一幅装饰画，应该选择什么样的画作和搭配方式"，ChatGPT 会根据用户的输入，结合自己的模型训练和大规模语料库，为用户提供具有实际参考价值的建议和方案。ChatGPT 可以根据用户的需求，为用户提供装饰性建议，如用户在选择窗帘时，可以通过向 ChatGPT 提问，明确区分一些原本很难区分的名词，如窗帘中金刚纱和幻影纱的区别。

> **LI**　金刚纱和幻影纱的区别。
>
> 　　　　　　　　　　　　　　　　　　　　⬚ ▭ 🔊
>
> 🟢　金刚纱和幻影纱都是常见的窗帘材料，它们都有一定的隐私保护和遮光效果，但是它们的材质和外观上还是有一些不同的。
>
> 　　1. 材质区别
>
> 　　金刚纱的材质一般是聚酯纤维，具有防静电、防火、防紫外线等特性，耐磨损、易清洗、不易变形，不易收尘、抗菌、耐用等特点。
>
> 　　而幻影纱则是由两层透明的网纱间隔着一层黑色的线条组成，线条的间距可以控制其遮光效果。它的透明度较高，能够让室内光线充分进入，而且具有柔和的光线效果，可以为家居增添一份柔和的氛围。

三、家居摆件、装饰品与 DIY 创意

1. 家居摆件

家居摆件一般是指小型的装饰品，如花瓶、烛台、小雕塑等，它们能够为家增添艺术气息和情趣感。ChatGPT 可以为用户提供关于家居摆件的选择和搭配建议。例如，如果用户的装修风格是北欧风格，ChatGPT 可以根据模型训练和大规模语料库学习到北欧风格的家居摆件特点和搭配规则，给出相应的建议和方案，如建议用户选择简约大气的花瓶和小雕塑，以增强北欧风格的整体感。如果用户的装修风格是中式风格，ChatGPT 可以根据中式风格的特点和传统元素，给出相应的家居摆件搭配建议，如建议用户选择具有中国传统元素的花瓶和雕花屏风，如龙凤图案、青花瓷等，以增强中式风格的氛围感。

2. 装饰品

家居装饰品一般是指大型的装饰品，如壁画、挂件、壁纸等，它们

能够为家增添艺术感和个性化的氛围。ChatGPT 可以为用户提供关于家居装饰品的选择和搭配建议。例如，用户的装修风格是现代简约风格，ChatGPT 可以根据模型训练和大规模语料库学习到现代简约风格的装饰品特点和搭配规则，给出相应的建议和方案，如建议用户选择简约风格的壁纸或挂画，以增强现代简约风格的整体感。如果用户的装修风格是欧式风格，则 ChatGPT 可以根据欧式风格的特点和传统元素，给出相应的家居装饰品搭配建议，如建议用户选择具有欧式古典元素的挂画和壁纸，如风景画、油画等，以增强欧式风格的氛围感。

3.DIY 创意

DIY 创意是近年来流行的一种家居装修方式，它可以让业主们更好地展现自己的创意和个性。ChatGPT 可以为用户提供关于 DIY 创意的建议和方案。例如，如果用户想要用 DIY 创意来装饰客厅墙面，ChatGPT 可以根据模型训练和大规模语料库学习到 DIY 创意的特点和搭配规则，给出相应的建议和方案，如建议用户使用自己喜欢的颜色和图案，创作一些简单而有趣的墙面装饰，如拼贴画、立体墙贴等。这些创意作品不仅能够突显业主的个性，还能够为客厅增添一份活力和艺术感。

第四节　家居智能化与科技应用

家居智能化和科技应用可以让家居更加便捷、舒适和高效，是体现现代科技和创新的重要元素。然而，在选择智能家居系统和家庭影音娱乐系统时，需要考虑多种因素，如系统稳定性、音像效果、操作便捷性等。ChatGPT 可以通过深度学习和自然语言处理技术，为用户提供关于智能家居和科技应用方面的建议和方案。

一、智能家居系统选择

ChatGPT 可以通过深度学习和自然语言处理技术，为用户提供关于智能家居系统选择的建议和方案。例如，用户可以输入"我该选择哪种智能家居系统"，ChatGPT 会通过模型训练和海量语料库学习，给出相应的建议和方案，帮助用户选择适合自己的智能家居系统。

具体来说，ChatGPT 可以考虑以下几个方面为用户推荐智能家居系统品牌和型号：

（1）家庭类型和需求

不同的家庭类型和需求对智能家居系统的要求是不同的。例如，家庭中是否有老人、儿童或残疾人，是否需要监控安防等功能都会影响到智能家居系统的选择。

（2）预算和成本

智能家居系统的价格和成本也是用户选择的重要因素。ChatGPT 可以为用户提供不同品牌和型号的智能家居系统的价格和功能比较，帮助用户根据自己的预算和需求选择适合自己的智能家居系统。

（3）可靠性和稳定性

智能家居系统的可靠性和稳定性是用户关注的重点之一。ChatGPT 可以为用户提供各种品牌和型号的智能家居系统的使用评价和用户反馈，帮助用户了解不同品牌和型号的智能家居系统的稳定性和可靠性。

（4）操作便捷性和用户体验

智能家居系统的操作便捷性和用户体验也是用户关注的重点之一。ChatGPT 可以为用户提供不同品牌和型号的智能家居系统的操作方式和使用体验，帮助用户选择操作便捷、用户体验良好的智能家居系统。

ChatGPT 可以通过自然语言处理技术理解用户的需求。用户可以输入"我家里有老人居住，预算比较低，需要稳定且操作便捷的智能家居设备，有什么推荐吗"，ChatGPT 会分析用户的输入内容，理解用户的需求和限制条件。通过与海量数据进行比对和学习，找到适合用户需求的智能家居设备。ChatGPT 还会考虑到老人家庭的实际情况，如家庭类型、预算、老人的生活习惯和健康状况等多种因素，为用户推荐最适合的智能家居设备。ChatGPT 可以将推荐的智能家居设备列表呈现给用户，让用户根据自己的实际情况和需求进行选择。ChatGPT 会提供每个智能家居设备的基本功能、价格、品牌等相关信息，帮助用户作出合理的决策。

三室有老人居住，预算最低，要求操作便捷，稳定。推荐智能家居设备。

对于预算最低、有老人居住且要求操作便捷、稳定的家庭，我推荐以下几种智能家居设备：

1. 智能插座：智能插座是智能家居的入门级设备，价格相对较低，操作也非常简单。老人们可以通过手机或语音控制智能插座，实现灯光、电视等设备的智能化控制，同时避免了身体不便的老人屈高或弯腰等不便操作的问题。
2. 智能灯具：智能灯具可以实现定时开关、遥控调光等功能，不仅可以为老人提供舒适的光线环境，同时也能让老人更加便捷地控制灯光。
3. 智能门锁：智能锁可以实现指纹识别、密码开锁等功能，让老人不用携带钥匙，也能方便地进出家门，避免了钥匙丢失或忘带的问题。
4. 智能医疗设备：智能血压计、血糖仪等智能医疗设备可以让老人更加便捷地进行健康监测，同时也可以将监测结果通过智能家居系统分享给亲人或医生，提高了健康管理的效率。

以上是一些比较适合老人家庭的智能家居设备推荐，这些设备不仅价格相对较低，而且操作简单、稳定可靠，能够为老人家庭提供智能化的生活体验。当然，用户在购买智能家居设备时还需要根据自己的实际需求、预算和家庭类型进行选择，选择最适合自己的智能家居设备。

二、家庭影音娱乐系统布局

1. 设备选购建议

用户可以向 ChatGPT 询问关于影音娱乐设备的选购建议，例如，电视、音响、投影仪等，以满足他们的需求和预算。ChatGPT 可以根据用户的提问，对设备的品牌、型号、功能、性能等方面进行分析和比较，并为用户提供最佳的设备选购建议。

2.. 空间规划建议

用户可以向 ChatGPT 提供家庭影音娱乐空间的平面图或照片，以获得最佳的设备布局建议。ChatGPT 可以根据房间的大小、布局、摆放家具等因素，提供最佳的设备摆放位置，以达到最佳的视听效果和空间利用率。

3. 声音和图像调整建议

用户可以向 ChatGPT 咨询关于声音和图像调整的建议，以获得更好的视听效果。例如，用户可以询问如何调整音响的声音，以达到最佳效果。ChatGPT 可以根据用户的设备、环境、声音和图像效果的需求，提供最佳的声音和图像调整建议。

ChatGPT 可以通过深度学习技术和自然语言处理技术，将海量的语料库和相关的知识库融合起来，以实现智能的家庭影音娱乐系统布局建议。具体而言，ChatGPT 通过学习海量的家庭影音娱乐系统的相关信息，如设备品牌、型号、功能、性能、用户评价等方面的信息，从中提取相关特征，并构建出一个包含各种家庭影音娱乐系统信息的模型。同时，ChatGPT 还可以学习家庭影音娱乐系统布局方面的知识和规则，并将其整合到模型中，以提供更加准确的建议和推荐。当用户提出问题时，ChatGPT 会根据模型学习到的知识和规则，从海量的语料库中寻找相似的问题和答案，并根据问题和用户的需求，给出相应的建议和方案。

三、智能化家电与智能家居设备选择

ChatGPT 在智能化家电和智能家居设备选择方面的应用，是通过深度学习和自然语言处理技术，为用户提供个性化、专业化的建议和方案，以帮助用户选择适合自己的智能化家电和智能家居设备。ChatGPT 首先需要对大量的语料库进行学习和训练，从而建立起一个基于自然语言理解和生成的智能化家电和智能家居设备选择系统。其次，当用户提出问题或需求时，ChatGPT 会对用户的提问进行分析，并结合海量语料库中的知识和信息，给出最佳的建议和方案。

举个例子，当用户需要选择智能电视时，可以输入"我想购买一台智能电视，应该选择哪个品牌和型号"，ChatGPT 会通过模型训练和海量语料库学习，考虑到用户的预算、使用习惯、功能需求等多方面因素，然后进一步询问用户具体需求，根据用户的具体需求推荐适合用户的品牌和型号，并提供相应的价格、性能比较和用户评价等信息，让用户能够作出更加明智的选择。此外，ChatGPT 还会提供智能电视的使用技巧和注意事项，帮助用户更好地使用和维护智能电视。

■ 我想购买一台智能电视，应该选择哪个品牌和型号？

您好，针对您的需求，我可以为您提供一些智能电视的品牌和型号建议。但在推荐具体型号之前，我需要了解您的一些需求和预算情况，例如您需要多大尺寸的电视、预算范围是多少、需要哪些特定的功能等。如果您能提供更多的信息，我将能够更准确地为您推荐合适的品牌和型号。

■ 预算3000-6000元，需要55寸以上，护眼，主要注重其色彩。

根据您的需求和预算，以下是我为您推荐的几款55寸以上的智能电视，它们都具有护眼功能，色彩表现出色，同时价格也在您的预算范围内：

1. 小米电视5 55寸：价格约为4699元，采用了超清OLED屏，色彩鲜艳，同时还支持DC调光技术和全局背光调节技术，可以有效减少视觉疲劳。
2. TCL C6 55寸：价格约为3999元，采用了量子点技术，能够呈现更加细腻、生动的色彩表现，同时还支持智能语音操控，方便操作。
3. 海信电视U8 55寸：价格约为3999元，采用了全面屏设计，视觉效果非常震撼，同时还搭载了VIDAA AI智能操作系统，操作简单便捷。

希望以上推荐对您有所帮助。

第五节　家居装修实际操作应用

本节主要介绍 ChatGPT 在家居装修中的实际应用，并通过具体操作演示说明其如何提升家居装修的个性化和创意性。

首先，作为一款智能助手，ChatGPT 能够根据个人喜好和家居空间提供个性化的室内设计和布局建议，生成新的设计方案。

其次，根据材料偏好、预算和装修风格，ChatGPT 能提供材料和工艺选择的指导，分析不同材料和工艺的优缺点，以便于人们作出最符合需求的选择。

再次，在家居软装饰品选择方面，ChatGPT 能根据风格喜好、色彩偏好和家居配饰需求，提供多样化的选择，包括家居装饰品、窗帘、地毯等，并协助生成装饰方案。

最后，对于家居智能化和科技应用的优化，ChatGPT 能根据智能家居需求，推荐适宜的智能家居产品，介绍其功能，并提出使用建议，以帮助创建智能、便捷和舒适的家居环境。

下面，将进行实际操作演示，揭示 ChatGPT 在家居装修中的具体场景应用，如个性化的室内设计和布局建议、材料和工艺选择的指导、家居软装饰品的搭配建议，以及家居智能化和科技应用的优化。

一、个性化的室内设计和布局建议

用户可以向 ChatGPT 描述出面积为 90 平方米的两室一厅的空间布局、自己的生活习惯以及设计风格的偏好，来获取相关的指导和建议。

装修90平米的两室一厅的房子，此房型的厅位于中间，两个卧室分别在两侧。希望整体风格偏向北欧简约，厅中需有足够的活动空间，而卧室一偏好设为书房。

为装修90平米的两室一厅的房子，追求北欧简约风格并在厅中获得足够的活动空间，同时将一个卧室打造成书房，以下是一些建议：

1. 颜色选择：北欧简约风格通常使用明亮、清爽的颜色。选择白色或浅灰色作为主要墙面颜色，并在配色方案中加入一些柔和的蓝色或绿色，以给整体空间带来清新感。
2. 客厅设计：将客厅设计为宽敞明亮的活动区域。选择简洁而舒适的家具，如北欧风格的沙发和咖啡桌，使用自然木材和轻质织物。保持空间的通透感，避免过多的装饰品和家具摆设。
3. 空间分隔：由于厅位于中间，可以使用家具或隔墙来划分空间。例如，可以选择一个低矮的书架或柜子作为客厅和书房之间的隔断，既能满足书房的需求，又不会完全阻隔视线。
4. 书房设计：将其中一个卧室改造成书房是个不错的主意。安装一个大书架或墙面书柜，提供充足的储物空间，并且可以用来展示书籍和装饰品。选用一张宽敞的书桌和舒适的椅子，为工作或学习提供舒适的环境。

5. 照明设计：北欧风格注重自然光线的利用。尽量保持窗户的通透性，选择简洁的窗帘或百叶窗，以便充分利用自然光。此外，还可以安装一些简约而现代的灯具，以补充光线，并为不同区域营造出不同的氛围。
6. 自然元素：北欧风格强调与自然的联系。在装饰方面，可以加入一些植物或绿色植物墙，带来清新的氛围。另外，选择一些自然木材的家具和地板，增添温暖和舒适感。
7. 简约风格的装饰品：选择一些简约而精致的装饰品来点缀空间，如北欧风格的摆件、艺术画作或纯色的地毯。避免过多的装饰，保持整体的简洁感。

以上是装修90平米的两室一厅房子，偏向北欧简约风格的一些建议。根据个人喜好和具体需求，你可以根据以上指导进行定制和调整，以打造出满足自己审美和功能需求的理想居住空间。

二、材料和工艺选择的指导

用户可以说明自己对材料的预算和偏好，如"希望使用耐用且环保的材料，预算在中等水平"。ChatGPT 则会为用户推荐材料，并解释其优点。

希望使用耐用且环保的材料，预算在中等水平。

如果你希望在装修中使用耐用且环保的材料，并且预算在中等水平范围内，以下是一些建议：

1. 地板：选择耐用且环保的地板材料，如实木地板或复合木地板。实木地板具有天然美观的特点，但价格较高。复合木地板则是一种较为经济实惠的选择，它由多层材料构成，同时保留了木材的外观和质感。
2. 墙面装饰：考虑使用环保的涂料或墙纸来装饰墙面。选择低VOC（挥发性有机化合物）的涂料，这些涂料对室内空气质量更友好。对于墙纸，选择使用环保纸张和水性胶黏剂。
3. 家具：寻找采用可持续材料制造的家具，例如使用回收木材或认证的环保木材制成的家具。此外，选择耐用且易于清洁的家具，以延长使用寿命。

4. 照明：选择LED灯具，LED灯具具有较长的寿命、低能耗和环保特点。LED灯具提供明亮的照明效果，同时可调光功能也能为空间营造不同的氛围。

5. 厨房和卫生间：在选择橱柜、台面和卫生洁具时，优先选择环保材料，如绿色认证的人造石台面、无甲醛板材和节水型卫生洁具。

6. 窗户：选择双层或三层玻璃窗户，以提高保温性能，减少能源消耗。此外，合适的窗帘或遮光罩也可以提供额外的隔热和隐私保护。

7. 可回收材料：在装修过程中，尽可能选择可回收的材料，减少浪费。并在施工结束后，妥善处理废弃材料，进行分类和回收。

在预算中等水平的情况下，可以选择合适的耐用且环保的材料，兼顾装修质量和环保意识。与装修专业人士进行咨询和比较不同的选项，以找到最适合你的材料和方案。

三、家居软装饰品的搭配建议

用户可以描述出自己的装饰风格和颜色偏好，如"喜欢大地色系，希望家具和装饰品能体现出自然、轻松的氛围"。在这种情况下，ChatGPT 可以为用户提供相应的建议。

家居软装饰品方面，我喜欢大地色系，希望家具和装饰品都能体现出自然、轻松的氛围。

如果你喜欢大地色系并希望家具和装饰品能体现出自然、轻松的氛围，以下是一些建议：

1. 色彩选择：选择大地色系的调色板，包括浅棕色、米色、淡黄色和暖灰色等。这些色彩能够营造出温暖、舒适的氛围，与自然环境相呼应。

2. 家具选择：选择自然材质的家具，如木质家具或竹制家具。木材的纹理和质感能够增添自然的感觉。选择简约而舒适的沙发、躺椅和餐桌椅，搭配柔软的靠垫和坐垫，营造轻松宜人的坐卧感觉。

3. 软装饰品：选择柔和的纺织品和织物，如棉质和亚麻布料的窗帘、地毯和靠垫。可以选择带有自然图案或植物元素的布料，以增添自然的感觉。考虑添加一些舒适的毛绒玩具、织物篮子和羽毛装饰品，以增添温馨和轻松的氛围。

4. 绿植和花卉：将绿植和花卉引入室内，为空间带来生机和自然感。选择易养护的室内植物，如仙人掌、芦荟、常春藤等，并将它们放置在适当的位置，如窗台、书架或角落，以增添自然元素。

5. 自然光和照明：充分利用自然光线，尽量减少遮挡窗户的物体，选择透光性好的窗帘。此外，选择柔和、温暖的照明灯具，如暖色调的LED灯和壁灯，以营造轻松舒适的氛围。

6. 自然元素的艺术品：选择描绘自然景观、植物或动物的艺术品，如油画、水彩画或摄影作品，将自然的美妙带入室内空间。

7. 小物件和摆设：选择一些自然材质的小摆件，如木制烛台、石头手工艺品、麻绳篮子等，将它们巧妙地放置在空间中，增添自然和轻松的氛围。

通过选择大地色系的调色板、自然材质的家具和软装饰品，以及加入绿植和自然元素的装饰，你可以打造出体现自然、轻松氛围的家居空间。记得保持整体简洁，避免过度装饰，让空间保持通透和舒适。

四、家居智能化和科技应用的优化

用户可以说明自己对智能家居的需求，如"希望安装智能照明和智能音响系统"。ChatGPT 则会根据这些需求，推荐相应的智能产品，并提供使用建议。

希望安装智能照明和智能音响系统。

如果你希望安装智能照明和智能音响系统，以下是一些建议：

智能照明系统：

1. 选择智能灯泡或智能开关：智能灯泡可以通过智能手机应用程序控制亮度和颜色，同时还可以设置定时开关和情景模式。智能开关则可以将现有的灯具转变为智能照明系统。

2. 定义情景模式：利用智能照明系统的情景模式功能，可以根据不同的需求和场景创建自定义的照明设置，例如阅读模式、放松模式或聚会模式。

3. 结合智能助手：将智能照明系统与智能助手（如Amazon Alexa或Google Assistant）集成，可以通过语音控制灯光，无需使用手机应用程序。

智能音响系统：

1. 选择智能音箱：选择一款具备智能助手功能的智能音箱，如Amazon Echo系列或Google Nest系列。这些智能音箱不仅可以播放音乐，还可以通过语音控制调整音量、选择曲目和控制其他智能设备。

2. 多房间音频：如果你想在不同房间中同步播放音乐，可以考虑购买多个智能音箱，并将它们连接到同一音频网络。这样，你可以在整个房子中无缝切换音乐。

3. 结合流媒体服务：将智能音箱与流媒体服务（如Spotify、Apple Music或Amazon Music）绑定，可以通过语音命令直接播放你喜欢的音乐。

4. 控制智能家居设备：智能音箱通常也充当智能家居中枢，可以与其他智能设备（如智能照明系统、智能门锁和智能温控器）进行集成，实现统一的控制。

在安装智能照明和智能音响系统之前，确保你的家庭网络稳定，并检查设备的兼容性和安全性。遵循制造商的安装指南，并根据个人喜好和需求进行设置和配置。

第八章

AI 与艺术：ChatGPT
在绘画创作中的应用

AI 绘画工具
的应用与影响

AI 绘画简介

AI 绘画
实际操作应用

Chat GPT
在 AI 绘画
中的应用

第一节　AI 绘画简介

AI 绘画是一个令人兴奋的新兴领域，它使用人工智能和机器学习的技术来生成视觉艺术。这些工具的应用种类繁多，目前并无严格的行业标准，因此创新和多样性是这个领域的一大特点。

一、惊艳的 AI 绘画工具——Midjourney

2022 年，Midjourney 从内测到正式开放，经历了半年时间。这个 AI 绘画工具，给所有体验者带来的直接感受就是惊艳。在国外的社交网站上，只需要将 Midjourney 服务器添加到个人账户的列表下，就可以进行绘画操作。输入构想的画面关键词，在数十秒内，Midjourney 就可以通过对话的方式，将想要得到的精致图像回复出来。Midjourney 注册用户在过去一年中，突破千万，并且还在急速增长。更令人震惊的是，这款极具创新和创造性的 AI 绘画工具，核心团队仅有 11 人！

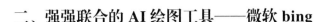

二、强强联合的 AI 绘图工具——微软 bing

微软公司在 AI 创新领域也未落后于其他科技公司，微软不仅具有全球超级庞大的用户量，还拥有强劲的资本力量。2023 年 1 月份，微软向 ChatGPT 的母公司 OpenAI 注资过百亿美金，开启了微软人工智能应用的新篇章。在微软的搜索引擎 "Bing" 中，加入了 ChatGPT 后，微软在近期也接入了 OpenAI 研发的 AI 绘画引擎——Dall-E。Dall-E 与 Midjourney 相比，上手使用更加便捷，只需在搜索栏中输入关键词，就可以得到 AI 绘画的图像，并保存在浏览器登录账户中，但其在图片生成效果以及对图像生成的控制上，与 Midjourney 还存在一定的差距。

与 Midjourney 相比，微软 Bing 的 AI 绘画功能界面更加简洁。微软 AI 绘画分为两种模式：

第一，快速模式，微软用户体系下的积分可以换取相应的 AI 绘画积分，从而调用高性能的 GPU（图形处理器）资源，来进行快速生图。

第二，普通模式，在没有积分的情况下，普通模式依然可以实现 AI 绘画生图，但速度较慢。

微软 Bing 的 AI 绘画作品，可以在合法的商业领域使用，但是生成图像的内容所有权，并不受到保护。

三、老牌视觉应用的 AI 绘画工具——Adobe Firefly

Adobe 公司对计算机图形处理编辑软件，作出了巨大贡献，

Photoshop、PR、AI、AE 等对图像或视频进行编辑的软件可谓家喻户晓。2023 年 3 月，Adobe 公开发布了 AI 绘画工具——Firefly，它进入了 AIGC 的战局中，通过几分钟的视频介绍，对广大用户带来了老牌视觉公司的震撼。Firefly 提供的功能不仅是单纯的 AI 生图功能，更重要的是它能够快速精准地对图像进行控制和编辑。（目前 Firefly 还处在内测阶段，通过测试申请的用户，可以在线上体验 firefly 的部分功能，如图 8-1 所示。

图 8-1　firefly 部分功能图示

第二节　AI 绘画工具的应用与影响

AI 绘画工具的崛起为艺术领域带来了一种全新的创作方式，这对于艺术家以及艺术教育者来说，是一个充满挑战和机遇的时期。这些

AI 绘画工具，如 Midjourney、微软 Bing、Adobe Firefly 等，利用复杂的算法分析网络上的数十亿艺术作品，并根据提供的参数创作出原创作品，甚至可以模仿特定艺术家的风格。这种技术的应用开辟了视觉艺术的新领域。

对于艺术家而言，AI 绘画工具提供了一个全新的创作方式和工具，使他们能够更加自由地表达自己的想法和创意。艺术家可以利用这些工具生成灵感，探索新的风格和技巧，并将其与传统的艺术媒介结合起来，创作出独特而个性化的作品。AI 绘画工具还可以在艺术家创作过程中提供反馈和建议，使他们能够更好地改进和完善自己的作品。

然而，AI 绘画工具也给艺术家带来了一些挑战。一方面，艺术家需要适应这种新的创作方式，并学习如何有效地使用这些工具。另一方面，一些人可能担心 AI 绘画工具会取代人类艺术家的角色，降低他们的价值和独特性。因此，艺术家需要思考如何与 AI 技术相互合作，发挥彼此的优势，创作出更具深度和独特性的作品。

对于艺术教育者而言，AI 绘画工具也带来了机遇和挑战。这些工具可以作为教学的辅助工具，帮助学生更好地理解和掌握艺术的基本原理和技巧。AI 绘画工具可以提供实时的反馈和指导，帮助学生改善他们的作品，并鼓励他们进行创新和实验。然而，教育者也需要思考如何将 AI 技术与传统的艺术教育结合起来，确保学生在创作过程中保持创意和个性的发展。

一、艺术教育的变革

艺术教育的变革确实可以通过 AI 绘画工具的使用实现。这些工具为学生提供了探索和实践新型艺术形式的机会，并促使他们从不同的角度思考和创作。通过使用 AI 绘画工具，学生可以以全新的方式与艺术互动，激发创造力和创新的潜力。

引入 AI 绘画工具可以激发学生的想象力，拓展他们对艺术表达的理解。学生可以通过与 AI 绘画工具进行互动和合作，发现其独特的创作方式，并将其融入自己的创作过程中。这种体验有助于培养学生的创造性思维和实验精神，同时让他们意识到技术与艺术的结合可以创造出令人惊叹的作品。

AI 绘画工具还可以为学生提供个性化的反馈和指导。通过分析学生的创作过程和作品，AI 绘画工具可以提供实时的评估和建议，帮助学生改进绘画技巧和表达方式。这种个性化的辅导有助于学生更好地理解和应用艺术原理，并激发他们在艺术创作中的自信心。

尽管 AI 绘画工具在艺术教育中具有无限潜力，教育者也需要谨慎使用。重要的是确保工具的使用与传统的艺术教育结合起来，以维护学生的创意和个性发展。教育者应鼓励学生通过与 AI 绘画工具的合作，探索新的艺术形式和技术，同时保持对传统艺术价值和技巧的重视。

二、艺术创作的新视角

艺术家对 AI 绘画工具的创造性应用带来了新的视角和令人惊叹的作品。通过与 AI 绘画工具的合作，艺术家拓展出了以前无法想象的艺术表达方式，并给观众带来了全新的艺术体验。

例如，艺术家汤姆·怀特的"感知引擎"（*Perception Engines*）系列，利用 AI 算法作为绘画工具，打破了传统艺术作品的静态性，使观众能够看到机器的视角。其创造出了一种从机器视觉角度出发的艺术视角。这个系列的每一幅作品都是对人工智能如何"理解"或"看见"世界的独特探索。怀特的作品不仅在视觉上吸引人，也引发了人们对人类与机器、创造性与算法之间关系的思考。

艺术家安娜·雷德利利用 AI 技术创作了 *Artificial Intelligence in the Expanded Field*，她如同一位数字考古学家，实现了对网络数据的一种"挖掘"和"再创作"。雷德利的作品不仅为观众提供了看待网络文化的新视角，还引发了人们对数据、算法和创作关系的思考。

这些创作实例表明，AI 绘画工具为艺术家带来了独特的创作视角和表达方式。艺术家能够利用 AI 绘画工具的不可预测性和创造性，创造出与传统艺术形式不同的作品。AI 技术的运用使艺术变得更加动态、互动和多元化，为观众提供了更加丰富和个性化的艺术体验。

但是，艺术家在使用 AI 绘画工具时仍需要思考如何保持个人创作风格和独特性。尽管 AI 绘画工具可以模仿特定艺术家的风格，但艺术家需要明确自己的创作意图和风格，将 AI 技术作为工具和辅助手段，而不是完全依赖。艺术家的创意和个性仍然是艺术作品的核心，而 AI 绘画工具只是帮助实现这些创意和个性的工具之一。

第三节　ChatGPT 在 AI 绘画中的应用

一些艺术家已经开始利用 AI 艺术生成器探索新的艺术前沿。例如，贾尔迪娜·帕帕（Elisa Giardina Papa）在 art、gender、technology 课程中，让学生使用 AI 绘画工具创作他们的艺术作品。一些学生试图从流动主体性的角度接纳 AI 图像生成，创造出一种与酷儿理论相关联的变幻莫测的主体性。这是对 AI 在艺术中应用的一个有趣的视角。

ChatGPT 在 AI 绘画中的应用主要是通过提供文本提示和指导来影响艺术创作的方向。

第一，创意激发和灵感提供。ChatGPT 可以与艺术家进行对话，使他们产生新的创意和想法。艺术家可以向 ChatGPT 描述创作愿景和想要表达的主题，然后通过与 ChatGPT 的对话，获取新的视角、关联词汇和概念等，从而激发创作灵感。

第二，风格引导和风格迁移。ChatGPT 可以与艺术家讨论关于作品的风格和表达方式。艺术家可以向 ChatGPT 描述他们希望实现的特定风格或他们想要参考的其他艺术家的作品风格。ChatGPT 可以提供相应的建议和指导，帮助艺术家在创作过程中实现所追求的效果。

第三，故事叙述和情感表达。通过与 ChatGPT 的对话，艺术家可以探索故事叙述和情感表达方面的可能性。艺术家可以与 ChatGPT 讨论故事情节、角色背景和情感元素，以获得更丰富和深入的创作内容。这有助于艺术家在作品中传达更具故事性和情感共鸣的元素。

第四，创作流程和技术建议。ChatGPT 可以在艺术家的创作流程中提供技术建议和指导。艺术家可以向 ChatGPT 咨询关于绘画技巧、构图原则、色彩理论等方面的问题，以改进他们的创作技术和表现能力。

当然，ChatGPT 还是一个强大的帮助文件。在利用 AI 绘画时，不仅可以利用 ChatGPT 获取一些绘画建议，还可以在使用 AI 绘画工具时，可以适当利用 ChatGPT 构建创意。ChatGPT 作为一款大型的 AI 语言模型，可以在 AI 绘画中发挥重要作用。虽然 ChatGPT 本身不能直接输入文本提示就进行绘画创作，但它可以为我们提供一些思路与提示，从而影响和引导艺术创作的方向。下面展示了 ChatGPT 与 Dall-E 2（人工智能图像生成器）进行合作创作的情况。

在一篇文章中，作者通过将 ChatGPT 与 Dall-E 2 进行对话，展示了它们的合作创作能力。作者利用 ChatGPT 向 Dall-E 2 提供了一些文本提示，并将 Dall-E 2 生成的图像呈现给读者。例如，作者询问了 ChatGPT，如果要让 Dall-E 2 创作一幅具有奇幻风景的图像，作者可能会如何输入文本提示。ChatGPT 给出了一些关键词的建议，如"在中间有一个巨大的茶壶的奇幻风景"，然后作者将这个文本提示提交给 Dall-E 2。Dall-E 2 根据这个提示生成了一幅令人惊叹的奇幻风景图像。

这个实例展示了 ChatGPT 在 AI 绘画中的应用，尽管 ChatGPT 本身不直接参与图像生成，但它作为一个语言模型，为艺术家提供了创作灵感和文本提示。艺术家可以与 ChatGPT 对话，获取关于主题、构图、风格等方面的建议，并将这些建议用于指导 AI 绘画工具的创作过程。

值得注意的是，尽管 AI 绘画工具能够生成令人惊艳的艺术作品，但真正的艺术创新和创造力仍然需要依赖于艺术家自身的独特视角和创意。AI 绘画工具只是艺术家创作过程中的辅助工具，而非完全替代人类艺术家的创作能力。因此，在 AI 绘画的应用中，艺术家仍然扮演着至关重要的角色，他们需要运用自己的想象力、情感和审美观来创造出独特的艺术作品。

第四节　AI 绘画实际操作应用

本节将通过实际操作演示，展示利用 ChatGPT 优化人们的 AI 绘画创作过程。通过与 ChatGPT 的互动，可以获得更多创意和灵感，拓展艺术表达方式。

首先，与 ChatGPT 进行对话，以获得绘画主题和创意的启发。人们可以向 ChatGPT 描述想要表达的情感或主题，让其提供新的视角、创意元素和概念，打破创作的瓶颈，挖掘更深层次的艺术表达方式。

其次，利用 ChatGPT 进行绘画技巧和表现手法的探索。人们可以与 ChatGPT 交流关于绘画技术、色彩运用和构图等方面的问题，其可以提供专业的建议和指导，帮助人们提升绘画的技巧和艺术表现能力。

最后，与 ChatGPT 共同创作绘画作品。人们可以与 ChatGPT 进行合作，通过对话、共享创意和互动交流，共同创作出独特的艺术作品。这种合作方式可以拓宽思路、尝试新的表现方式，并获得与众不同的创作成果。其具体操作如下。

一、与 ChatGPT 进行对话，以获得绘画主题和创意的启发

你好，ChatGPT！我正在进行一幅抽象绘画作品，但我想要一些新的创意和灵感来丰富我的作品。你能帮助我吗？

当然可以帮助你！我很愿意提供一些创意和灵感来丰富你的抽象绘画作品。以下是一些可能激发你创作的想法：

1. 自然元素：以自然界中的景观、植物或动物为灵感，尝试表达它们的形态、纹理和颜色。你可以选择绘制它们的真实形象，或者以抽象的方式重新诠释它们。
2. 情感和情绪：通过色彩、线条和形状来传达情感和情绪。你可以尝试使用明亮的色彩和流动的线条来表达喜悦和兴奋，或者使用深沉的色调和有力的线条来表达沉思和内省。
3. 音乐和节奏：将音乐元素引入绘画中。尝试将节奏感和音符的运动转化为线条和形状。你可以选择一首你喜欢的音乐作为灵感，试着将其表达出来。
4. 实验性材料：考虑使用一些非传统的绘画材料，例如纱布、沙子、纸张碎片等。探索这些材料与画布的相互作用，看看能否带来新的纹理和层次感。
5. 写意和抽象：不要过于拘泥于具体的形象和细节，尝试以笔触、色彩和线条的自由表达来创作。通过模糊边界和让观众有自己的解读空间来激发想象力。
6. 文字和符号：考虑在绘画中加入文字、符号或象征性的图案。这些元素可以为作品赋予特定的含义或引导观众思考。
7. 色彩对比和渐变：尝试使用鲜明的色彩对比或渐变来增强作品的视觉冲击力。通过颜色的组合和过渡来创造动态和层次感。

记住，这些只是一些启发，你可以根据自己的风格和创意进行调整和发挥。祝你创作愉快，希望你的作品充满创意和灵感！

二、向 ChatGPT 提出自己的要求

ChatGPT 可以根据人们的写作灵感和要表达的意境等提出一些建议，如下图。

这幅抽象绘画作品是以自然景观为灵感，我想要表达宁静、和谐和自由的感觉。但我希望能够添加一些独特和意想不到的元素。

非常好！结合自然景观的灵感来表达宁静、和谐和自由的感觉是一个美妙的主题。为了添加独特和意想不到的元素，以下是一些建议：

1. 非凡的生命形式：在你的作品中添加一些奇特和独特的生命形式，可以是植物、动物或者是虚构的生物。想象那些只存在于你的绘画中的神奇生物，让它们在景观中自由自在地存在。
2. 空间扭曲：尝试在你的作品中引入空间的扭曲和变形效果。通过错综复杂的线条、不寻常的透视和形状的变形，创造出令人惊奇的视觉效果。
3. 光线和光影：通过巧妙运用光线和光影效果，营造出一种神秘和超现实的氛围。尝试描绘光线的穿透、反射或折射，营造出绘画中的光与暗的对比。
4. 纹理和材料：使用各种纹理和材料来增加作品的触感和视觉层次。可以尝试使用油漆的厚重质感、添加沙子或纤维等物质，创造出丰富多样的纹理效果。
5. 意象的碰撞：将不同的景象、元素或符号交错在一起，创造出令人意想不到的图像。这种碰撞可以是形态上的、色彩上的，或者是象征意义上的，激发观众的联想和想象力。
6. 色彩对比和挑战：运用大胆、对比强烈的色彩组合来突出作品的独特性。尝试将不同的色彩相互融合，或使用鲜艳的颜色与柔和的色调形成鲜明对比，创造出令人眼前一亮的效果。

这些创意可以帮助你向作品中注入独特和意想不到的元素，同时保持宁静、和谐和自由的感觉。记得保持开放的心态，随着创作的进行，也让自己的直觉和想象力引导你。祝你成功完成这幅令人惊艳的抽象绘画作品！

三、通过 ChatGPT 了解绘画技巧和表现手法

这些创意听起来很棒！它们可以为我的作品增添更多的深度和视觉冲击。谢谢你的帮助。接下来，我想了解一些绘画技巧和表现手法。

非常高兴能帮助到你！以下是一些常用的绘画技巧和表现手法，它们可以帮助你更好地表达和呈现你的想法：

1. 图像的层次感：通过使用不同的色调、明暗和对比来创造出图像的深度和层次感。使用阴影和高光来突出物体的形态，将前景、中景和背景的层次清晰地表现出来。

2. 笔触和线条：笔触和线条的运用可以为作品带来独特的质感和表现力。尝试使用不同粗细、方向和密度的线条，以及各种笔触技巧（如擦拭、刮擦、颠倒等），以突出形式、纹理和运动。

3. 色彩运用：色彩是表达情感和氛围的重要工具。尝试使用明亮的色彩来表达活力和兴奋，使用柔和的色调来传达宁静和温暖。同时，探索色彩的对比和渐变，以及冷暖色调的平衡，以增强作品的视觉冲击力。

4. 纹理和材质：通过使用不同的绘画材料和技巧来创造出丰富的纹理和材质效果。可以尝试使用画刷、刮刀、海绵、纱布等工具，或者探索不同类型的颜料和介质，以增添作品的触感和视觉层次。

5. 比例和透视：掌握好物体的比例和透视关系对于创造真实感和空间感至关重要。了解远近物体的比例关系，以及线性和大气透视的原理，可以使你的作品更具深度和立体感。

6. 负空间的利用：负空间是指图像中物体之间或物体与画面之间的空白部分。巧妙地运用负空间可以带来平衡和张力。尝试留意空白部分的形状和大小，并与实体形象相互配合，以创造出更有趣和动态的构图。

7. 实验和创新：最重要的是保持探索和实验的精神。尝试使用不同的技巧、风格和媒介，挑战传统观念，发展自己独特的艺术语言和风格。放松心态，允许自己犯错并从中学习，这样才能不断进步和发展。

希望这些技巧和表现手法能对你的绘画作品有所帮助！记得保持实践和探索，发展自己的独特风格，并用画笔创造出令人惊叹的作品。祝你绘画愉快！

此外，根据 ChatGPT 提供的绘画技巧和表现手法，还可以让 ChatGPT 进行详细解读。

四、通过 ChatGPT，了解 AI 绘画程序的介绍，帮助人们尽快融入程序中，更好地实现 AI 绘画

我应该如何使用 Midjourney 作画呢？

使用 Midjourney 进行绘画是一种令人愉悦和创意的体验！以下是一些基本步骤来帮助你开始使用 Midjourney 作画：

1. 准备工作：确保你的设备连接到互联网，并打开浏览器。前往Midjourney的官方网站
（**https://www.midjourney.com/**）。

2. 选择画布和画笔：在Midjourney的界面上，你可以选择画布的大小和比例。选择适合你绘画主题和展示需求的画布尺寸。然后，在画笔选项中选择你喜欢的画笔类型，如油画刷、铅笔、水彩笔等。

3. 调整画笔设置：Midjourney提供了一些画笔设置，如笔触大小、透明度、颜色等。根据你的需要，调整画笔设置以获得所需的绘画效果。

4. 开始作画：现在你可以开始在画布上作画了！使用鼠标或触摸笔（如果你使用的是触摸屏设备）来绘制线条、形状和颜色。你可以在画布上自由绘制，尽情发挥创意。

5. 层和编辑：Midjourney支持图层的使用，你可以在绘画过程中添加多个图层，以便对不同元素进行分离和调整。这样你就可以对每个图层进行编辑、调整位置和不透明度，以及控制图层之间的顺序。

6. 调整和保存：如果需要调整绘画的细节，可以使用Midjourney提供的工具进行缩放、旋转、裁剪等操作。完成绘画后，你可以将作品保存到本地计算机或分享到社交媒体上展示给他人。

记住，Midjourney是一个创造性的工具，可以根据你的喜好和风格进行个性化的使用。探索不同的画笔、颜色、图层和工具，与你的创作互动，并享受创作的乐趣！

第九章

ChatGPT 未来之路：探索
智能语言助手的技术创新
与社会影响

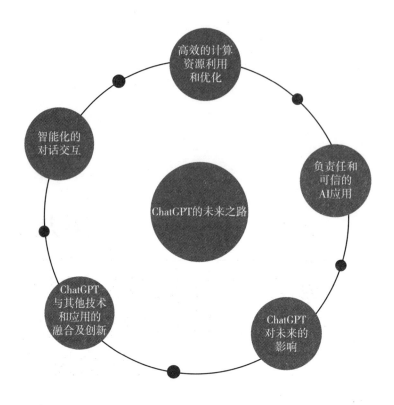

第一节　智能化的对话交互

一、自然语言理解和生成技术的进一步改进

为了进一步提高 ChatGPT 对自然语言的理解和生成能力，可以采用深度学习、强化学习等技术，探索多模态信息的融合，提高鲁棒性和可解释性等。ChatGPT 自然语言理解和生成技术的改进方案如图 9-1 所示。

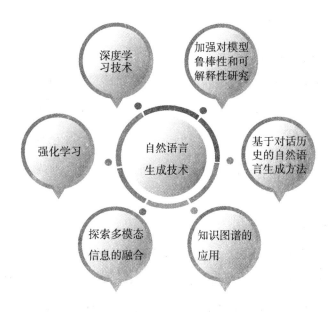

图 9-1　ChatGPT　自然语言理解和生成技术的改进方案

（1）深度学习技术

深度学习可以通过构建深度神经网络模型，从大量的数据中学习语言规律和语义信息，进而提高 ChatGPT 对自然语言的理解和生成能力。其中，基于预训练模型的方法已经成为当前自然语言处理领域的研究热点。预训练模型通过在大规模语料库上进行预训练，学习大量的语言知识和模式，可以作为其他自然语言处理任务的基础模型进行微调，提高模型的效果和泛化能力。

（2）强化学习

强化学习是一种通过在环境中与外界互动来学习最优策略的方法，它可以帮助 ChatGPT 学习如何在不同的环境下采取最优的语言行为，从而实现更加智能的自然语言交互。例如，在对话系统中，强化学习可以帮助 ChatGPT 学习如何选择合适的回复，提高对话的连贯性和流畅度。

（3）探索多模态信息的融合

现实世界中的语言交互往往伴随着其他形式的信息交流，如图像、声音、视频等。通过将这些多模态信息与自然语言信息相结合，可以实现更加全面和准确的语义理解。例如，在图像描述生成任务中，ChatGPT 可以结合图像信息和自然语言信息生成更加准确和生动的图像描述。

（4）知识图谱的应用

知识图谱是一种以图形结构来表示和存储知识的方法，可以为 ChatGPT 提供丰富的语义信息，进而提高其对自然语言的理解能力。利用知识图谱，ChatGPT 可以将自然语言中的实体和概念与现实世界中的实体和概念相对应，从而使 ChatGPT 能够更加准确地理解和推断自然语言中的含义。例如，在智能客服中，ChatGPT 可以利用知识图谱来解决用户提出的问题，提高对话的准确率和效率。

（5）基于对话历史的自然语言生成方法

将上下文信息考虑在内，根据对话历史来生成相应的回复，使得 ChatGPT 的生成结果更加贴近真实的对话情境。同时，结合生成式和检索式方法也是提高自然语言生成效果的一种有效途径。在该方法中，ChatGPT 既可以基于对话历史生成相应的回复，也可以基于检索式方法从存储的语料库中提取相应的回复，从而实现更加灵活和准确的自然语言生成。

（6）加强对模型鲁棒性和可解释性的研究

在实际应用中，自然语言交互系统需要具备高度的鲁棒性，即在各种复杂情况下都能够准确地理解和生成自然语言。同时，为了让用户能够更好地理解系统的行为和决策，提高自然语言理解和生成技术的可解释性也非常重要。在这方面，研究者可以通过可视化和交互式方法等手段来提高 ChatGPT 的可解释性，让用户能够更好地理解系统的工作原理和决策过程。

二、领域特定的 ChatGPT 模型开发

针对不同领域和场景，开发相应的 ChatGPT 模型，并通过迁移学习和自适应学习等技术实现知识迁移和应用，是当前自然语言处理领域的研究热点之一。

1. 领域特定的 ChatGPT 模型开发

（1）医疗领域

医疗领域是一个重要的领域，需要对复杂的医学专业术语进行理解和生成。为了应对医疗领域的需求，可以开发医疗领域特定的 ChatGPT 模型。医疗领域的 ChatGPT 模型需要具备对医学术语和医学知识的深入理解，能够对医学文献、病例和病人病历等进行自然语言理解和生成。在该模型的开发中，可以利用医学知识图谱等辅助工具，将医学术语和医学知识结构化，从而使得 ChatGPT 能够更好地理解和推理医学文本。

（2）法律领域

法律领域是一个信息量极大、结构复杂的领域，需要对法律条文、案例、法规等大量文本进行处理。为了应对法律领域的需求，可以开发法律领域特定的 ChatGPT 模型。法律领域的 ChatGPT 模型需要具备对

法律术语和法律知识的深入理解，能够对法律文件、案例和法规等进行自然语言理解和生成。在该模型的开发中，可以利用法律知识图谱等辅助工具，将法律术语和法律知识结构化，使 ChatGPT 能够更好地理解和推理法律文本。

（3）金融领域

金融领域是一个信息量极大、变化快速的领域，需要对金融新闻、市场走势、投资分析等进行处理。为了应对金融领域的需求，可以开发金融领域特定的 ChatGPT 模型。金融领域的 ChatGPT 模型需要具备对金融术语和金融知识的深入理解，能够对金融文本、投资分析和市场预测等进行自然语言理解和生成回答。在该模型的开发中，可以利用金融知识图谱等辅助工具，将金融术语和金融知识结构化，使 ChatGPT 能够更好地理解和推理金融文本。

（4）客服领域

客服领域是一个需要快速响应客户问题和解决问题的领域，需要对大量客户咨询进行处理。为了应对客服领域的需求，可以开发客服领域特定的 ChatGPT 模型。客服领域的 ChatGPT 模型需要具备对客服问题和解决方案的深入理解，能够对客户提问、回复和解决方案等进行自然语言理解和生成。在该模型的开发中，可以利用大量的客服数据，训练模型并进行微调，使 ChatGPT 能够更好地理解和回答客户问题。

2. 迁移学习和自适应学习

除了开发特定领域的 ChatGPT 模型外，迁移学习和自适应学习也是将 ChatGPT 模型应用于不同领域的重要方法。

（1）迁移学习

将已经训练好的模型应用于新任务的方法，通过在新任务中进行微调，从而提高模型的性能。在自然语言处理中，ChatGPT 模型的预训练过程往往需要消耗大量的计算资源和时间，但是在许多应用场景中，没有足够的数据和资源来进行训练。在这种情况下，利用预训练模型进行迁移学习，可以快速构建适用于新任务的模型。在迁移学习中，通常需要将预训练模型的一部分或全部参数进行微调，使得模型能够适应新的任务。微调的方式通常包括两种，一种是微调模型的输出层，另一种是微调模型的所有层。微调输出层通常适用与预训练模型相似的任务，如生成式对话系统。微调所有层通常适用与预训练模型差异较大的任务，如情感分析、问答系统等。

（2）自适应学习

将已经训练好的模型应用于特定领域的方法，通过在特定领域中进行微调，从而提高模型的性能。在自然语言处理中，不同领域的数据具有特定的语言模式和知识结构，与通用领域的数据存在差异。因此，通过将通用领域的预训练模型在特定领域进行自适应学习，可以更好地适应特定领域的数据和任务。在自适应学习中，通常需要将预训练模型的一部分或全部参数进行微调，使得模型能够适应特定领域的数据和任务。自适应学习需要解决领域差异和数据稀缺等问题，通常需要利用领域知识、特定领域的数据等手段来缓解。例如，在医疗领域中，可以利用医学知识图谱等辅助工具，将医学术语和医学知识结构化，从而使得 ChatGPT 能够更好地理解和推理医学文本。

（3）解决问题

在应用迁移学习和自适应学习的过程中，需要解决领域差异、数据稀缺等问题。对于领域差异，可以通过利用领域知识、特定领域的数据等手段来缓解。对于数据稀缺，可以利用预训练模型进行初始化，或者通过数据增强等手段来扩充数据集。

三、跨语言和跨文化的应用扩展

ChatGPT 作为一种智能对话系统，可以通过跨语言学习和文化适应性技术，实现在多语言和多文化之间的迁移学习和适应性学习，提高其在跨语言和跨文化对话中的性能。

1. 跨语言学习

跨语言学习是指通过在一种语言中学习，然后将所学知识应用到另一种语言中的学习方法。对于一个智能对话系统来说，跨语言学习是一个重要的能力，可以实现在多语言之间的迁移学习。

ChatGPT 可以通过多语言预训练技术，实现在多语言之间的迁移学习。在多语言预训练中，ChatGPT 将多语言语料库中的文本作为输入内容，并使用自监督学习方法进行训练，学习到多语言之间的共性和差异性。通过这种方式，ChatGPT 可以在多语言之间实现迁移学习，提高其在多语言环境下的性能。

此外，ChatGPT 还可以通过跨语言知识库的应用，学习不同语言之间的关系和规律，提高其在多语言环境下的应对能力。例如，在学习英语和汉语之间的关系时，ChatGPT 可以学习到英语和汉语之间的语言结构、语义关系和文化背景等方面的差异，从而实现在英汉之间的迁移学习。

2. 文化适应性

文化适应性是指在不同文化环境中理解和回应对话的能力。由于不同文化之间存在着语言和行为差异，因此在处理跨文化对话时，需要考虑文化适应性。

ChatGPT 在处理跨文化对话时，可以通过文化适应性技术，提高其在跨文化对话中的应对能力。文化适应性技术可以通过以下方式实现：

（1）多语言预训练中加入文化因素

在多语言预训练中，除了学习多语言之间的语言规律和语义关系外，还可以加入文化因素，学习不同文化之间的语言和行为差异，从而提高 ChatGPT 在不同文化环境下的理解能力。例如，在学习中文和英文之间的文化差异时，ChatGPT 可以学习到不同文化之间的礼仪、习惯和价值观等方面的差异，从而实现文化适应性学习。

（2）跨文化知识库的应用

在处理跨文化对话时，可以利用跨文化知识库，学习不同文化之间的语言和行为差异，并将其应用到对话中，从而提高 ChatGPT 在跨文化对话中的表现。例如，在处理中美之间的对话时，可以利用跨文化知识库，了解中美之间的文化差异，从而提高 ChatGPT 在中美对话时的应对能力。

3. 市场前景

在全球化的背景下，跨语言和跨文化交流的需求越来越大。ChatGPT 可以通过跨语言学习和文化适应性技术，提高其在跨语言和跨文化对话中的应对能力，为用户提供更加智能、便捷和高效的对话交互体验。

在商业领域中，市场化语言的应用也非常广泛。ChatGPT 可以通过多语言预训练和市场化语言训练集的应用，提高其在商业领域中的应用能力，为企业提供更加高效、便捷和贴近用户需求的智能服务。

第二节　高效的计算资源利用和优化

一、更加高效的模型设计和算法优化

ChatGPT 作为一种智能对话系统，需要处理大量的文本数据，并进行复杂的计算，这就对计算资源的使用和优化提出了挑战。为了减少 ChatGPT 的计算负担，可以通过神经网络结构设计和参数剪枝等技术进行优化，探索新型的模型架构和算法优化方法，从而提高 ChatGPT 的训练和推理速度。

1.神经网络结构设计和参数剪枝

ChatGPT 的模型主要基于 Transformer 模型设计的，而 Transformer 模型的注意力机制是模型中最耗费计算资源的部分。因此，可以通过减少注意力机制的头数和缩小网络规模等方式，降低模型的计算复杂度。例如，可以使用改进的 Self-Attention 方法，如 Sparse Transformer、Reformer 等，可以降低注意力机制的计算复杂度。在实际应用中，这些方法能够有效减少计算量，并且保持了模型的性能和效果。

ChatGPT 的模型通常具有大量的参数，这会导致训练和推理的计算负担过大。因此，可以通过剪枝神经网络中的冗余参数，减少模型的计算负担。例如，在使用剪枝技术时，可以通过删除冗余的权重和神经元，减少网络的规模和计算复杂度，从而提高 ChatGPT 的训练和推理速度。参数剪枝技术能够有效地压缩模型，并提高模型的训练和推理速度。

2. 新型模型架构和算法优化

除了 Transformer 模型外，还可以探索其他模型架构的应用，以提高模型的训练和推理速度。例如，可以使用卷积神经网络（CNN）和循环神经网络（RNN）等模型。这些模型的优点在于，它们能够通过参数共享和序列处理等技术，大大减少模型参数数量和计算量，从而提高训练和推理的速度。同时，这些模型也可以通过引入注意力机制等方式来增强其建模能力，使得模型在保持高效性的同时，也能够具有较好的表达能力。一些新型的模型架构也可以被用作 ChatGPT 的基础模型。例如，Gated Linear Networks (GLNs) 可以将注意力机制和门控机制结合起来，用于构建多层的自注意力网络，其计算效率高于传统的 Transformer 模型。在自然语言处理任务中，还有一些基于类似决策树的结构进行编码和解码的方法，如 T-PRPN，其计算效率比传统的 Transformer 模型更高。这些新型的模型架构的应用将会带来更加高效的训练和推理速度，为 ChatGPT 在多个领域的应用提供更加广阔的空间。

算法优化也是提高 ChatGPT 计算资源利用和优化的关键方面之一。算法优化主要是针对模型的训练和推理过程中的计算效率进行改进。

过小的学习率会导致模型收敛缓慢，使得训练时间变长；过大的学习率则容易导致模型发散。自适应学习率算法可以动态地调整学习率，以保证模型能够在最短的时间内收敛到最优解。其中，Adagrad、Adadelta、Adam 等算法都是比较常见的自适应学习率算法，这些算法的核心思想是对学习率进行自适应调整，使其能够更好地适应不同的数据分布和网络结构，从而提高模型的训练效率。

在梯度下降算法中，梯度方向是随机的，很容易导致模型在参数空间中震荡。为了解决这个问题，可以使用动量算法。动量算法可以让模型在参数空间中的移动更加平滑，从而减少震荡和收敛时间。Adam 算法是一种结合了动量和自适应学习率的常用的优化方法。

在模型推理的过程中，一些常见的计算比如矩阵乘法、向量内积等计算可能会导致计算量过大，从而降低模型的效率。为了解决这个问题，可以使用一些近似计算的技术来减少计算量。例如，低秩分解技术可以将原始的权重矩阵分解为两个低秩矩阵的乘积，从而减少计算量。另外，量化技术也是一种有效的近似计算方法，可以将原始的浮点数权重矩阵转化为定点数的权重矩阵，从而减少计算量和模型大小。

二、分布式训练和推理技术的应用

分布式计算是一种利用多个计算资源并行计算的技术，可以大大提高模型的训练和推理效率。对于像 ChatGPT 这样的大型语言模型，分布式训练和推理技术尤为重要。

1. 分布式训练技术的应用

分布式训练主要是将模型的训练任务划分为多个子任务并行训练，从而加快模型的训练速度。利用分布式计算资源，可以将大型语言模型的训练时间从几天甚至几周缩短到几个小时，大大提高了训练的效率。下面将介绍分布式训练的一些常见策略。

（1）数据并行

数据并行是一种将数据分割成多个批次，并分配给不同计算节点的训练策略。在数据并行的训练中，每个计算节点都拥有完整的模型参数，但每个节点只能处理一部分数据。在每个计算节点计算完毕后，将其计算结果进行汇总，从而得到最终的模型参数。数据并行适用于大规模数据集的训练，能够有效地减少模型的训练时间。

（2）模型并行

模型并行是一种将模型的不同部分分配给不同的计算节点进行训练的策略。在模型并行的训练中，每个计算节点只需要处理一部分模型参数，从而减少了计算负担。在每个计算节点计算完毕后，将其计算结果进行汇总，从而得到最终的模型参数。模型并行适用于大型模型的训练，能够提高训练效率。

（3）混合并行

混合并行是一种将数据并行和模型并行相结合的训练策略。在混合并行中，将模型的不同部分分配给不同的计算节点进行训练，并将每个节点的结果进行汇总。在数据并行中，每个计算节点只处理一部分数据，从而减少了计算负担。混合并行适用于大规模数据集和大型模型的训练，能够提高训练速度和效率。

2. 分布式推理技术的应用

分布式推理主要是将模型的推理任务划分为多个子任务并行推理，从而加快模型的推理速度。分布式推理与分布式训练类似，利用分布式计算资源，可以将大型语言模型的推理时间从几秒钟缩短到几毫秒，大大提高了推理的效率。下面将介绍分布式推理的一些常见策略。

（1）模型并行

在模型并行的推理中，将模型的不同部分分配给不同的计算节点进行推理，从而减少了计算负担。在每个计算节点推理完毕后，将其计算结果进行汇总，从而得到最终的推理结果。模型并行适用于大型模型的推理，能够提高推理效率。

（2）数据并行

在数据并行的推理中，将数据分割成多个批次，并分配给不同计算节点进行推理。在数据并行的推理中，每个计算节点都拥有完整的模型参数，但每个节点只能处理一部分数据。在每个计算节点推理完毕后，将其计算结果进行汇总，从而得到最终的推理结果。数据并行适用于大规模数据集的推理，能够有效地减少推理时间。

（3）模型压缩

模型压缩是一种将模型压缩到更小的尺寸，从而减少模型的推理时间的技术。常见的模型压缩方法包括权重剪枝、量化和蒸馏等。这些方法可以将模型的大小缩小到原来的几分之一，从而大大提高了模型的推理效率。

在分布式推理中，模型压缩可以与模型并行和数据并行相结合，进一步提高模型的推理效率。例如，可以先使用模型压缩技术将模型的大小压缩到原来的一半，然后再将压缩后的模型参数分配给不同的计算节点进行推理，从而减少计算负担，提高推理效率。

（4）云计算平台

云计算平台是一种提供分布式计算资源的服务平台，可以为

ChatGPT 的分布式训练和推理提供强有力的支持。云计算平台具有计算资源充足、灵活性高、管理和维护成本低等优点，能够大大简化分布式训练和推理的流程，提高效率。

同时，云计算平台还可以提供更加丰富的分布式训练和推理技术支持，如自动扩缩容、数据备份、容灾恢复等功能。这些功能可以大大提高分布式训练和推理的可靠性和稳定性，保证训练和推理任务的高效执行。

通过分布式训练和推理，可以充分利用计算资源，减少计算负担，提高训练和推理效率，进而实现更加智能化和高效的对话交互。在分布式训练和推理的过程中，还可以结合模型压缩和多模型融合等技术，进一步提高模型的性能和鲁棒性。同时，云计算平台的应用可以为分布式训练和推理提供更加便捷和可靠的支持。

三、自适应计算和移动端部署技术的应用

移动设备的计算资源虽然不如云服务器那样强大，但也被用于多种应用场景，包括语音识别、自然语言处理等。为了满足用户在移动设备上对智能对话交互的需求，ChatGPT 需要在移动设备上进行部署，实现更加智能化的移动应用。ChatGPT 智能化移动应用图解如图 9-2 所示。

（1）自适应计算技术

这是一种将计算资源分配给不同的任务，从而实现对不同计算设备和环境的自适应的技术。在移动设备上部署 ChatGPT 时，可以利用自适应计算技术，将模型的计算量和复杂度与移动设备的计算资源水平相

适应。例如，可以根据移动设备的处理能力、内存大小等参数来调整模型的大小和计算复杂度，从而实现模型在移动设备上的部署和执行。

还可以使用一些优化技术，如深度压缩、参数量化、量化感知训练等技术，降低模型大小和计算复杂度，从而实现更好的自适应计算。

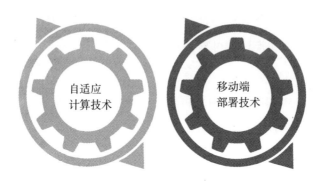

图 9-2　ChatGPT 智能化移动应用图解

（2）移动端部署技术

移动端部署技术是一种将模型部署到移动设备上的技术，可以在移动设备上实现模型的高效推理和应用。在移动端部署 ChatGPT 模型时，需要考虑到模型的大小、运行速度和应用场景等因素，从而选择合适的部署技术。

例如，可以使用基于 TensorFlow Lite、PyTorch Mobile 等框架的部署技术，将 ChatGPT 模型部署到移动设备上。这些框架支持各种硬件设备和操作系统，能够实现高效的模型推理和应用。同时，还可以使用部署优化技术，如量化和剪枝等技术，从而实现更小、更快、更高效的模型部署和执行。

（3）应用案例

移动端部署 ChatGPT 模型的应用场景非常广泛。例如，可以将

ChatGPT 应用于移动端的聊天机器人、语音识别、语音翻译等应用场景中。用户可以在移动设备上与 ChatGPT 进行对话交互，获取各种信息和服务。当用户需要预订酒店或订机票时，可以直接在移动设备上启动 ChatGPT 应用程序，并与 ChatGPT 进行对话交互，从而快速地获取所需信息。此外，ChatGPT 还可以应用于移动设备上的智能语音助手，如 Siri、Google Assistant 等。用户可以通过语音指令与 ChatGPT 进行对话交互，实现各种功能，如发送短信、播放音乐、提醒日程等。

移动端部署 ChatGPT 模型还可以应用于医疗领域。例如，在移动设备上部署 ChatGPT 模型，可以实现足不出户即可通过医疗助手应用程序实现在线问诊。用户可以通过语音或文字输入与 ChatGPT 进行对话交互，获取医疗咨询、病症分析等服务。

第三节　负责任和可信的 AI 应用

一、模型解释和可视化技术的进一步发展

ChatGPT 的应用场景不断拓展，对模型的可靠性和稳定性要求也越来越高。为了满足这些需求，模型解释和可视化技术应运而生。这些技术可以帮助我们更好地理解 ChatGPT 模型的决策过程，提高模型的可靠性和稳定性，避免出现错误或偏差。

1. 模型解释技术

模型解释技术是指通过一些技术手段，将模型的决策过程可视化，

从而让人们更好地理解模型的工作原理和决策依据。在 ChatGPT 模型中，模型解释技术可以帮助我们了解模型在处理对话交互时的决策过程和输出结果。例如，可以使用 LIME、SHAP 等技术，将模型的输入和输出结果进行可视化，从而理解模型决策的过程和原因。

模型解释技术还可以帮助研究人员发现模型的弱点和缺陷，从而改进模型的性能和鲁棒性。例如，可以使用对抗样本攻击技术，检验模型在处理错误或恶意输入时的性能和稳定性，从而调整模型参数和优化模型结构，提高模型的可靠性和鲁棒性。

2. 可视化技术

可视化技术是指利用图形化手段将模型的决策过程和结果进行可视化，从而帮助人们更好地理解模型的工作原理和结果。在 ChatGPT 模型中，可视化技术可以帮助研究人员观察模型在对话交互中的工作流程和输出结果。例如，可以使用神经网络结构可视化技术，将模型的结构和参数可视化，从而理解模型的工作原理和特征提取过程。

可视化技术还可以帮助用户检查模型的输出结果是否正确和合理。例如，在对话交互中，可以使用可视化技术检查模型的输出结果是否符合语言规则和逻辑关系，从而避免模型产生错误和偏差。

模型解释和可视化技术还可以帮助研究人员发现模型的不足和改进方向，从而指导模型的进一步优化和创新。例如，在 ChatGPT 模型中，可能存在某些输入样本无法被正确处理的情况，这时候可以使用模型解释和可视化技术找出造成这种情况的原因，从而对模型进行优化和改进。

在构建更加可靠和稳定的 ChatGPT 模型时，模型解释和可视化技术也可以起到一定作用。在对话交互中，模型的稳定性和鲁棒性是非常关键的，因为任何一个错误或偏差都可能对用户造成不良的影响。模型解释和可视化技术的应用，可以更好地发现模型中存在的问题和风险，从而避免这些问题的发生，以便提高模型的可靠性和稳定性。

二、安全性和数据隐私的保障

随着 ChatGPT 的广泛应用，对模型安全性和数据隐私的需求也急需解决。基于加密和安全计算技术的应用，以及隐私保护技术的探索，都将是 ChatGPT 未来在安全性和数据隐私保障方面的重要发展方向。

1. 基于加密和安全计算技术的应用

这是保障 ChatGPT 安全性和数据隐私的一种重要手段。在加密和安全计算技术的应用中，有一些常用的技术，如同态加密、差分隐私、安全多方计算等。这些技术都可以对数据进行加密和保护，使机器学习模型可以在加密的数据上进行训练和预测，而不会泄露原始数据的隐私信息。另外，通过使用安全多方计算等技术，也可以避免机器学习模型被攻击或篡改，从而提高模型的安全性和鲁棒性。

2. 隐私保护技术的探索

在隐私保护技术中，有一些常用的技术，如差分隐私、安全聚合等。差分隐私技术是常用的一种隐私保护技术。它通过在数据中添加噪声，从而模糊数据中的个人信息，使得攻击者无法推断出原始数据的信息。假设现在要训练一个 ChatGPT 模型，但拥有的数据包含敏感个人信息，如性别、年龄等。这时就可以使用差分隐私技术，在数据中添加一定量的噪声，使得个人信息无法被恢复出来，从而保护个人数据隐私。

安全聚合技术也是一种常用的隐私保护技术。它通过对加密的数据进行聚合，从而得到对整个数据集进行分析的结果，同时保护数据的隐私。假设现在要对一个医院的病人数据进行分析，但这些数据包含敏感的医疗记录，这时就可以使用安全聚合技术，对数据进行加密并进行聚合分析，同时保护数据的隐私性。

ChatGPT 未来在安全性和数据隐私保障方面还需要加强其他方面的措施，比如在数据处理过程中进行数据审计，及时发现和纠正数据中的错误和漏洞；采用模型蒸馏和模型保护技术，提高模型的安全性和鲁棒性；建立完善的安全和隐私保障机制，加强对机器学习模型的安全和隐私保护监管等。这些措施的采用可以有效地保障 ChatGPT 的安全性和数据隐私，降低模型滥用的风险，保护用户的个人数据隐私。

三、伦理和社会责任实践的推进

在 AI 技术快速发展的同时，一些不良行为，如歧视性输出、隐私泄露等问题也开始出现，这些问题可能对人们的生命、财产、自由和尊严等方面造成影响，因此需要推进 AI 伦理和社会责任的实践，让 ChatGPT 更加负责任和可信。

1. 技术层面

包括模型的可解释性、偏差和不公平性的纠正、个人数据的隐私保护等方面。为了让 ChatGPT 更加负责任和可信，需要加强对模型的可解释性，使其决策过程更加透明和可理解。这样可以防止模型的错误和偏差对人类造成不必要的伤害，同时也可以提高模型的可靠性和稳定性。此外，还需要解决模型偏差和不公平性等问题，确保 ChatGPT 的应用不会对某些群体造成不公正的影响。另外，个人数据的隐私保护也是非常重要的，需要采取相关的技术手段，确保个人数据不被滥用或泄露，保护公众的权益和利益。

2. 社会和政策层面

包括建立相应的道德和法律框架，加强对 ChatGPT 技术的监管和管理，确保其安全和可靠。政府和行业组织可以制定相关的 AI 伦理规范和安全标准，确保 ChatGPT 技术的应用不会对社会和个人造成伤害。同时，需要加强对 ChatGPT 应用场景的审查和监管，对于一些涉及个人隐私、公共安全等领域的应用，需要严格审查和管理，防止技术被滥用。此外，还需要加强对 ChatGPT 技术的普及和教育，提高公众的 AI 意识和素养，增强对技术的理解和认识，共同推进 AI 伦理和社会责任的实践。

第四节　ChatGPT 与其他技术和应用的融合及创新

一、ChatGPT 与 AI 技术和应用的融合及创新

AI 技术的不断发展，计算机视觉、语音识别、自然语言处理等技

术也在不断进步，这些技术的融合及创新将会带来更加广泛和深刻的
应用场景与商业价值。ChatGPT 与 AI 技术和应用创新与融合如图 9-3
所示。

图 9-3 ChatGPT 与 AI 技术和应用创新融合

1. 计算机视觉和自然语言处理的融合

计算机视觉和自然语言处理是 AI 技术中应用最广泛的两个领域
之一，它们的融合可以为人们带来更加智能和高效的应用体验。在
ChatGPT 技术中，将计算机视觉和自然语言处理相结合，可以使
ChatGPT 模型具有更加深入的理解能力和表达能力，提高模型的性能和
应用价值。

（1）图像描述生成

图像描述生成是计算机视觉和自然语言处理的重要应用之一，它的核心任务是从输入的图像中生成相应的自然语言描述。在 ChatGPT 中，通过将图像特征与自然语言处理技术相结合，可以使 ChatGPT 模型具有更加深入的理解能力和表达能力，生成更加准确和丰富的图像描述。例如，可以使用卷积神经网络提取图像的特征向量，再将其输入到 ChatGPT 模型中，使模型能够自动生成与图像相对应的自然语言描述。

（2）视觉问答

视觉问答是一种将计算机视觉和自然语言处理相结合的应用，它的任务是回答关于输入图像的自然语言问题。在 ChatGPT 中，可以将输入的自然语言问题和图像特征向量相结合，使 ChatGPT 模型能够准确理解问题和图像之间的联系，从而给出正确的答案。例如，可以将输入的自然语言问题和图像特征向量通过注意力机制进行融合，得到问题和图像的共同表示，再通过模型进行推理和回答。

2. 语音识别和自然语言处理的融合

语音识别和自然语言处理也是 AI 技术中应用最广泛的两个领域之一，它们的融合可以为人们带来更加智能和高效的语音交互体验。在 ChatGPT 技术中，一些先进的技术，如深度学习、卷积神经网络、循环神经网络等，也为计算机视觉、语音识别、自然语言处理等技术的发展提供了强有力的支持。这些技术的不断发展，也使得 ChatGPT 和其他技术之间的融合变得更加容易和高效。

（1）计算机视觉领域

ChatGPT 可以通过识别文本中的描述，更好地理解图像中的内容。

例如，可以使用 ChatGPT 对图像中的物体、场景、情感等进行描述，从而帮助计算机视觉算法更好地理解图像。此外，ChatGPT 还可以与计算机视觉技术结合使用，帮助计算机视觉算法更好地理解和处理多模态数据，如图像和文本。

（2）语音识别领域

ChatGPT 可以通过将文本转换为语音，帮助语音识别算法更好地理解和识别语音。例如，可以使用 ChatGPT 对文本进行生成，然后将其转换为语音，并将其输入到语音识别算法中进行识别。此外，ChatGPT 还可以与语音识别技术结合使用，帮助语音识别算法更好地理解和处理多模态数据，如语音和文本。

（3）自然语言处理领域

ChatGPT 可以通过生成文本，帮助自然语言处理算法更好地理解和处理文本数据。例如，可以使用 ChatGPT 生成自然语言文本，然后将其输入到自然语言处理算法中进行处理。此外，ChatGPT 还可以与自然语言处理技术结合使用，帮助自然语言处理算法更好地理解和处理多模态数据，如文本和图像。

除了与其他技术的融合外，ChatGPT 还可以通过不断创新和改进，为计算机视觉、语音识别、自然语言处理等技术带来更多的可能性。例如，可以探索更多的模型结构和算法优化方法，如使用更小的模型和更高效的推理算法，以降低计算负担和提高处理速度；可以探索更多的提高数据和增量学习方法，以更好地适应不同的数据分布和场景需求；可以探索更多的知识图谱和预训练模型，以提高模型的表现和泛化能力。

3. 实现更加智能和全面的人机交互

人机交互是指人与计算机之间进行信息交换和操作的过程，是计算机科学和人机工程学领域的重要研究方向。ChatGPT 与计算机视觉、语音识别、自然语言处理等技术的融合，可以实现更加智能和全面的人机交互。

以智能家居为例，用户可以通过语音、图像等多种方式与智能家居设备进行交互，告诉智能家居设备要执行的任务。例如，用户可以通过语音命令告诉智能家居设备打开窗帘、调整灯光等，也可以通过图像识别技术让智能家居设备识别出用户的身份，进而提供个性化的服务。

4. 打造更加智能化的智能助手、虚拟人物等应用

ChatGPT 与计算机视觉、语音识别、自然语言处理等技术的融合，还可以打造更加智能化的智能助手、虚拟人物等应用。这些应用可以帮助人们解决生活和工作中的各种问题，提高人们的生活和工作效率。

例如，虚拟人物可以作为客服代表和用户进行交互，为用户提供信息查询、问题解答等服务。虚拟人物可以利用自然语言处理技术和 ChatGPT 模型，自动回答用户的问题，提高客服效率和用户满意度。另外，虚拟人物还可以通过计算机视觉技术识别用户的情感状态，进而提供相应的情感化服务。

二、跨学科研究和合作的推动

ChatGPT 作为一个基于 GPT-4 架构的大型语言模型，具有巨大的

潜力。它已经在文本生成、对话系统、自动翻译等方面展示了出色的性能。然而，要充分挖掘其潜力并将其应用于跨学科研究，还需要广泛的研究和合作。这将涉及多个学科领域，这些学科领域的交叉合作将为ChatGPT 的进一步发展提供源源不断的动力。跨学科研究与合作如图9-4 所示。

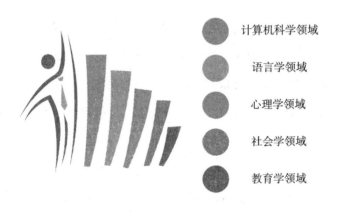

计算机科学领域

语言学领域

心理学领域

社会学领域

教育学领域

图 9-4　跨学科研究和合作

1. 计算机科学领域

ChatGPT 可以为自然语言处理、机器学习和人工智能等研究提供新的视角。例如，在自然语言处理领域，ChatGPT 可以在句法、语义分析方面发挥作用，从而帮助研究人员更深入地理解语言的结构与规律。在机器学习领域，ChatGPT 可以为研究者提供丰富的训练数据，从而促进各种算法的改进与优化。在人工智能领域，ChatGPT 可以拓展到人机交互、情感计算等研究，为人工智能的发展提供有力支持。

2. 语言学领域

ChatGPT 将为语言学家提供一种新的研究工具。通过对 ChatGPT 的训练数据进行分析，语言学家可以深入挖掘语言的规律，从而为语言学的研究提供更多启示。此外，ChatGPT 还可以为计算语言学、社会语言学等研究领域提供丰富的实证数据，从而推动这些领域的发展。

3. 心理学领域

ChatGPT 将有助于理解人类思维和认知过程。通过模拟人类的语言生成过程，研究者可以借助 ChatGPT 对人类思维、认知和情感进行建模，从而揭示人类心智的运作机制。此外，ChatGPT 还可以为心理学家提供一个实验平台，通过与聊天机器人的交互来研究人类的行为和心理反应。这将为认知科学、社会心理学等多个领域的研究提供有力支持。

4. 社会学领域

ChatGPT 可以成为研究人类社会行为和互动的重要工具。通过对大量的社会互动数据进行分析，研究者可以利用 ChatGPT 深入挖掘社会规律、文化差异和人际关系等方面的内在规律。此外，ChatGPT 还可以为研究者提供一个实验平台，用以探讨虚拟环境下的社会行为和互动模式。这将为社会学、人类学、传播学等多个领域的研究带来新的视角和方法。

5. 教育学领域

ChatGPT 将为教育技术和教育心理学等研究领域提供有力支持。作为一种智能教学辅助工具，ChatGPT 可以根据学生的需求和特点提供个性化的教学资源和支持，从而提高教育质量和效果。此外，ChatGPT 还可以为教育研究者提供一个实验平台，用以探讨人工智能在教育领域的应用效果和策略。这将为教育学、心理学、认知科学等多个领域的研究带来新的思考和方法。

第五节　ChatGPT 对未来的影响

一、ChatGPT 对人工智能领域的影响

ChatGPT 将在人工智能领域产生深远的影响，尤其是在人机交互、智能助手和虚拟人物等方面。作为 AI 技术中的重要组成部分，ChatGPT 将为这些应用提供强大的基础技术支持，从而使它们具备更高的智能水平和更广泛的应用前景。人工智能领域的 AI 技术应用如图 9-5 所示。

图 9-5　人工智能领域的 AI 技术应用

1. 人机交互

ChatGPT 的不断完善，人机交互将变得更加自然、高效和智能。用户可以与 AI 系统进行流畅的对话，就像与真人交流一样。这意味着 AI 技术能够更好地理解人类的语言和意图，并作出相应的反应。在未来，人机交互将拓展到更多领域，例如，智能家居、自动驾驶汽车和工业自动化等。这将使得 AI 技术更加贴近人类生活，为人们提供更加便捷的服务，同时提高生产效率和生活品质。

2. 智能助手

ChatGPT 将使智能助手具备更强的理解和处理自然语言的能力，从而提供更加个性化和智能化的服务。例如，智能助手可以根据用户的需求和场景，提供更加精准的信息查询、推荐、提醒等功能，为用户带来全新的体验。在未来，智能助手将不仅能提供日常生活方面的帮助，还将拓展到专业领域，如法律咨询、医疗诊断、金融投资等。这将使得智能助手成为用户在各个领域的得力助手，大大提高工作效率和生活品质。

3. 虚拟人物

借助 ChatGPT 技术，虚拟人物将具备更加丰富的语言表达能力和更高的智能水平。这将使得虚拟人物在娱乐、教育、医疗等领域发挥更大的作用，为人们带来更多价值。在娱乐领域，虚拟人物可以充当虚拟明星、游戏角色或网络主播，为用户带来丰富的娱乐体验。在教育领域，虚拟人物可以作为智能教师或导师，为学生提供个性化的教学和辅导。在医疗领域，虚拟人物可以担任虚拟医生，为患者提供远程诊断和治疗建议。这些应用将使得虚拟人物成为人们生活中不可或缺的一部分，为社会带来巨大的经济和社会价值。

二、自然语言和 AI 的结合

1. 自然语言理解

随着 ChatGPT 的技术发展，自然语言理解技术能够更加精准地把握人类语言的微妙变化和意图。这意味着，AI 系统将能够更好地理解和处理人类语言，从而在许多实际场景中发挥更大的作用。例如，在智能客服、智能翻译等方面，AI 系统将能够更快速、更准确地回答用户的问题，提高用户的满意度。此外，在金融、法律等领域，AI 系统将能够更好地理解复杂的专业术语和语言结构，从而提高工作效率和准确性。

2. 自然语言生成

与 ChatGPT 结合后，AI 系统将能够生成更加自然、流畅且富有创意的文本，这将有助于推动新闻编写、文学创作、广告文案等领域的创新发展。此外，AI 系统将能够根据不同用户的需求和偏好生成个性化的文本内容，从而在社交媒体、电商推荐等领域发挥更大的作用。

3.AI 技术的智能化和全面化

随着与 ChatGPT 的结合，AI 系统将能够更好地利用自然语言处理技术，实现更智能、更高效的图像识别、语音识别、数据分析等任务。例如，在智能驾驶、智能家居等领域，AI 系统将能够更好地理解人类语言指令，从而更好地服务于人类的生活和工作。此外，在医疗、教育等领域，AI 系统将能够更好地理解医学术语、教育语言等，从而为医疗和教育提供更准确、更高效的服务。

三、经济社会的变革

1. ChatGPT 将改变人们的工作方式

ChatGPT 技术的出现，将使得一些传统的人力密集型工作逐渐被自动化和智能化取代，例如，客服、在线教育等领域。在客服领域，ChatGPT 技术可以实现智能客服，自动回答用户的问题，提供定制化的服务，解决客服人员数量不足而无法及时回复客户的问题。在在线教育领域，ChatGPT 技术可以实现自动化的学习过程，自动评估学生的答案和学习效果，提高教学效率和学生体验。

ChatGPT 技术的应用，还将促进更多新兴产业和职业的出现，如数据科学家、机器学习工程师、自然语言处理工程师等职业，这些职业需要大量的人才来开发、应用和优化 ChatGPT 技术。这些新兴职业的出现，将进一步推动人们的工作方式发生变化，使得更多的人从事与人工智能相关的工作，而不再是传统的人力密集型工作。

2. 提高产业效率

ChatGPT 技术的发展将推动各行业的数字化转型，从而提高产业效率。这种数字化转型需要企业在生产、运营和管理等方面应用先进的人工智能技术，实现数字化生产、数字化运营和数字化管理。

在金融领域，ChatGPT 技术可以应用于自动化交易、自动风险控制等。自动化交易可以通过 ChatGPT 技术实现，使得交易更加高效和准确，从而提高交易效率和降低交易成本。自动风险控制可以通过 ChatGPT 技术实现，使得风险控制更加准确和实时，从而提高风险控制的效率和精度。

在制造业领域，ChatGPT 技术可以应用于自动化流程控制、自动化质量检测等。自动化流程控制可以通过 ChatGPT 技术实现，使得制造流程更加高效和准确，从而提高制造效率和降低制造成本。自动化质量检测可以通过 ChatGPT 技术实现，使得质量检测更加准确和快速，从而提高产品质量和降低质量成本。

除此之外，ChatGPT 技术还可以应用于其他领域，如物流、零售、医疗等。在物流领域，ChatGPT 技术可以应用于自动化调度、自动化路线规划等，提高物流效率和降低物流成本。在零售领域，ChatGPT 技术可以应用于自动化推荐、自动化客服等，提高购物体验和提高销售额。在医疗领域，ChatGPT 技术可以应用于自动化病例诊断、自动化医疗咨询等，提高医疗效率和降低医疗成本。

3. 促进社会创新

在社交媒体和在线内容创作领域，ChatGPT 技术可以为用户提供更多的内容生成和推荐方案。ChatGPT 技术可以通过学习用户的行为、兴趣和需求，自动化生成和推荐内容，提供更加个性化的服务。这种个性化服务不仅可以提高用户的满意度，还可以促进社会创新。例如，社交媒体可以通过 ChatGPT 技术生成更多的内容，从而促进社交媒体的发展；在线内容创作平台可以通过 ChatGPT 技术提供更多的内容生成和编辑工具，从而促进内容创作的发展。

ChatGPT 技术还可以为科研人员提供更快速、更准确的文献检索和分析工具，从而促进科研进展。科研人员需要大量的文献资料来支撑他们的研究工作，但是手工检索和分析文献是一项烦琐的工作。ChatGPT 技术可以应用于文献检索和分析领域，自动化完成这些工作，提高科研人员的效率和准确性。这将促进科研进展，推动科技创新和社会进步。

除此之外，ChatGPT 技术还可以应用于其他领域，如医疗、教育等。在医疗领域，ChatGPT 技术可以应用于自动化病例诊断、自动化医疗咨询等，提高医疗效率和准确性，促进医疗创新。在教育领域，ChatGPT 技术可以应用于自动化学习过程、自动化评估等，提高教学效果和学生体验，促进教育创新。